Timeless Oceania

美 丽 的 地 球

大洋洲

吴振扬　李晓池 / 著

中信出版集团 | 北京

图书在版编目（CIP）数据

美丽的地球. 大洋洲 / 吴振扬, 李晓池著. -- 北京:
中信出版社, 2021.11（2023.12重印）
ISBN 978-7-5217-3487-4

Ⅰ.①美… Ⅱ.①吴… ②李… Ⅲ.①自然地理—世
界②自然地理—大洋洲 Ⅳ.①P941

中国版本图书馆CIP数据核字（2021）第170925号

美丽的地球：大洋洲

著　者：吴振扬　李晓池
出版发行：中信出版集团股份有限公司
　　　　（北京市朝阳区东三环北路27号嘉铭中心　邮编　100020）
承 印 者：北京华联印刷有限公司
制　版：北京美光设计制版有限公司

开　本：720mm×960mm　1/16　印　张：16　　字　数：318千字
版　次：2021年11月第1版　　　印　次：2023年12月第9次印刷
审 图 号：GS（2021）4336号
书　号：ISBN 978-7-5217-3487-4
定　价：78.00元

大洋洲的海域是海洋哺乳动物的重要洄游地带

图为马马努萨群岛（Mamanuca Islands）中的一座小岛

大洋洲拥有原始野性的自然魅力，这里既有梦幻的海洋，也有豪迈壮美的戈壁。图为澳大利亚芒戈国家公园（Mungo National Park）的月球式景观

在澳大利亚大陆及其周边岛屿上，生活着世界上大部分的有袋动物，其中最常见的是各种袋鼠

神奇古老的昆士兰热带雨林（Wet Tropics of Queensland），几乎记录了整个陆地植物演化史的每个重要特征

Contents
目录

Preface
前言

　　在美丽的地球上，七个大洲如同七个孩子一样，各居世界一方，守护着自然母亲，但与其他几个大洲相比，偏居一隅的大洋洲似乎有些不同。

　　与广阔的亚洲不同，她拥有世界上面积最小的陆地和极少的居住人口；与拥有多湖和大河的北美洲与南美洲不同，她的淡水资源较少，更多的水资源来自大面积的海洋；与热烈的非洲和冷峻的南极洲不同，多样化的气候是她保持生态多样性的条件；与背靠亚洲、较早开始文明交流的欧洲不同，她没有任何一块陆地与其他大洲直接相连，尊重并顺应自然是大洋洲居民的精神法则与生存之道。

　　大洋洲位于南半球的广阔海洋上，显得有些孤独。不过，她很内敛，虽然位置相对偏远，但她保留了更多脆弱的生态环境与古老物种，有世界上最长的珊瑚礁与原始的有袋动物；她很独特，几乎与世隔绝的大陆，塑造了和谐统一的生态文明和独树一帜、五彩缤纷的海岛文化。

　　对很多人来说，大洋洲是一块略显陌生的土地。提到大洋洲，人们会想到澳大利亚和新西兰，想到袋鼠和树袋熊，想到太平洋岛屿上的白色沙滩、绿色椰林和七彩草裙，她是冰川与火山共存的大地，是一片充满未知的秘境。正是这片土地蕴藏的无限秘密，值得我们怀着敬畏和好奇，深入探索大洋洲更多的价值与魅力。

　　无论是澳大利亚还是新西兰，都只是大洋洲的一部分。为了更清楚地了解大洋洲，我们有必要在此明确：大洋洲是由中太平洋和南太平洋上的上万个岛屿组成的（从北纬30度到南纬47度，从东经110度到西经120度）。法国地理学家康拉德·马尔特·布伦（Conrad Malte-Brun）最早用"Océaniec"（大洋洲）一词来说明这片区域的特点——区域内的每个国家和地区都与太平洋海域有着密切的联系。但是，有一些岛屿虽然在地理上位于大洋洲，行政上却不属于大洋洲，如美国的夏威夷群岛（Hawaiian Islands）、法属波利尼西亚（French Polynesia）等。

　　其他大洲都拥有清晰的陆地界线，但大洋洲不同，这里大部分都是海洋和岛屿，不容易找到清楚的地理及地质边界作为标识，所以至今仍多有争议。为避免地域概念的混淆，有必要综合考虑太平洋地区独特的地理地质、生态、政治文化、风俗背景等多种因

大洋洲有许多因火山喷发形成的地貌奇景，普尔努卢卢国家公园
（Purnululu National Park）中就有许多火山地貌景观

东海
南方诸岛
小笠原诸岛
钓鱼岛 赤尾屿
南鸟岛
火山列岛
北回归线
琉球群岛
台湾岛
东沙群岛
威克岛(美)
海南岛
南
塔翁吉环礁
马
西沙群岛
吕宋岛
北马里亚纳群岛(美)
比基尼环礁
绍
永兴岛
中沙群岛
塞班
朗格拉普环礁
黄岩岛
阿加尼亚 关岛(美)
埃内韦塔克环礁
沃托朗环礁
乌贾朗环礁
15°
海
南
克
克
罗
尼
西
亚
联
沃杰环礁
雅浦岛
乌利西环礁
邦
苏禄海
罗
马吉罗
棉兰老岛
恩古卢环礁
沃莱艾环礁
加费鲁特岛
帕劳群岛
帕利基尔 波纳佩岛
瑙鲁
沙
帕
松索罗尔群岛
索尔群岛
拉莫特雷克环礁
莫特洛克群岛
亚伦 巴那巴
曾母暗沙
群
托比岛
劳
梅莱凯奥克
欧里皮克环礁
努阔罗环礁
科斯雷岛
太
加里曼丹岛
劳
马
努库努努岛
赤道
卡平阿马朗伊环礁
苏拉威西海
鲁
古
阿德默勒尔蒂群岛
拉
平
群
阿
美
马努斯岛
新爱尔兰岛
努库努努群岛
大
巽
他
群
岛
毛
克
山
脉
俾斯麦群岛
布干维尔岛
尼
苏拉威西岛
岛
莫
中央山脉
巴布亚新几内亚
新不列颠岛
舒瓦瑟尔岛
圣伊莎贝尔岛
纳莫里克岛
苏门答腊岛
鲁
莱城
新几内亚岛(伊里安岛)
所罗门群岛
新乔治亚群岛
西
古
新赫布里底
爪哇海
班
莫尔兹比港
瓜达尔卡纳尔岛
伦内尔岛
伦内尔岛
马基拉岛
圣克鲁斯群岛
恩德岛
班克斯岛
努沙登加拉群岛
岛
阿
伍德拉克岛
新
太
爪哇岛
(小巽他群岛)
帝汶岛
达
弗
路易西亚德群岛
圣埃斯皮里
赫
布
里
底
群
岛
瓦
努
圣诞岛(澳)
巴瑟斯特岛
帝汶海
拉
因迪斯彭瑟布尔礁
岛
维
达尔文
海
珊
威利斯群岛
休恩群岛
埃法特岛
卡奔塔利亚湾
约克角半岛
瑚
新
15°
吉伯利高原
巴克利台地
大
切斯特菲尔德群岛
新喀里多尼亚(法)
南回归线
利
波老王岭
韦斯利群岛
21
海
分
新喀里多尼亚岛(法)
大沙沙漠
12
11
水
努美阿
库尼耶岛
15
凯托岛
印
10
澳
利
亚
岭
弗雷泽岛
德克哈托格岛
19
9
大
雷
13
布里斯班
16
澳大利亚大盆地
诺福克岛(澳)
度
维多利亚大沙漠
(大自流盆地)
河
珀斯
纳拉伯平原
弗
5
达
6
豪勋爵岛
8
博斯皮拉米德岛
20
18
林
令山脉
令
4
分
3 2 1
塔
德
17
大澳大利亚海
斯
堪培拉
7
悉尼
岭
墨尔本
大
坎加鲁岛(袋鼠岛)
金岛 巴斯海峡 弗林德斯岛
14
塔斯曼海
洋
22
塔斯马尼亚岛
兰
南岛 南
36
3
霍巴特
45°
37
因
38
斯图
斯奈尔斯群岛
39
奥克兰群岛(新)
坎贝尔岛(新)
麦夸里岛(澳)

东经 180° 西经
165°
150°
135°
120°

库雷岛　中途岛　夏威夷群岛
利相斯基岛　莱桑岛
加德纳岛
内克岛
考爱岛　（檀香山）
瓦胡岛 •火奴鲁鲁
毛伊岛
夏威夷岛

约翰斯顿岛（美）

波

金曼礁（美）莱利
巴尔米拉环礁
泰拉伊纳岛
塔布阿埃兰环礁（基）
圣诞岛（基）

豪兰岛（美）
贝克岛（美）

平

贾维斯岛（美）

里巴斯
尼库瑙岛
金斯米尔群岛
阿罗赖岛

努梅阿环礁
图瓦卢

尼库马罗罗岛
阿巴里灵阿环礁
恩德伯里岛
麦基恩岛
菲尼克斯群岛（基）
伯尼岛

莫尔登岛（基）

斯塔巴克岛（基）

努库希瓦岛　马克萨斯群岛（法）
希瓦岛

富纳富提环礁
富图纳岛

托克劳（新）
努库诺努环礁
瓦尼富拉图
塔塔富富环礁
法考福环礁
北
库克群岛

莫图奥内环礁

彭林环礁
（汤加雷瓦岛）

千年岛（基）

瓦利斯和
马塔乌图
富纳富提
富图纳岛

萨摩亚
瓦利斯群岛
图图伊拉岛
图图伊拉岛
帕果帕果
美属萨摩亚

普卡普卡环礁
苏沃洛夫环礁

马尼希基环礁

东岛（基）

弗林特岛
（基）

乔治王群岛
蒂凯环礁

普卡普卡环礁

阿夏

土
阿
夏

斐济
苏瓦
维提岛
汤加

细阿福欧岛（新）

瓦瓦乌群岛　纽埃
汤加　阿洛菲

南
库
克
群
岛

马塔依瓦岛

帕默斯顿环礁
艾图塔基岛
米蒂亚罗岛
玛努亚岛

帕皮提
社会群岛（法）法属波利尼西亚
帕皮提
塔希提岛
塔塔科托环礁

甘比尔群岛（法）

努库阿洛法
汤加塔布群岛
埃瓦岛

阿瓦鲁阿
拉罗汤加岛

格洛斯特公爵岛
里马塔拉岛

特马唐伊环礁
鲁鲁图岛
土布艾岛
土布艾群岛（法）
土阿艾岛

穆鲁罗瓦环礁
雷亚环礁

阿克蒂恩环礁群
甘比尔群岛（法）

米纳瓦群岛

拉帕（法）
马罗蒂里群岛（法）

芒雷瓦群岛（法）

亨德森岛（英）
迪西岛（英）

亚当斯敦
皮特凯恩群岛（英）

南回归线

克马德群岛（新）
拉乌尔岛
麦考利岛

埃内斯特·勒古韦礁
玛利亚·特里萨礁

30°

奥克兰
北岛
惠灵顿

查塔姆群岛（新）

斯特彻奇

蒂群岛（新）

安蒂波迪斯群岛（新）

北回归线
15°
赤道 0°
15°
45°

图　例

• 堪培拉　　首都、首府
• 悉尼　　　主要城市
① 景点
－－－　洲界
───　国界
　　　珊瑚礁
　　　水系
　　　时令水系

比例尺　1∶46 000 000

东经 180° 西经
165°
150°
135°
120°

素。综合而言，大洋洲的地域概念可以表述为：国土全部或大部分位于太平洋，或国土边界连接太平洋，受太平洋海洋及岛屿文化历史影响的国家所属的大洲为大洋洲。疆域横跨亚洲和大洋洲的国家，如印度尼西亚，因其远离大洋洲核心地带（中、南太平洋），所以没有被列入本书定义的大洋洲范围内。

以上述定义为基础，大洋洲可分为以下三部分：一是澳大利亚大陆，二是新几内亚岛的东半部分（即巴布亚新几内亚）和新西兰，三是美拉尼西亚、密克罗尼西亚和波利尼西亚三大岛群。

大洋洲无论在气候、地理，还是生态环境等方面，都是一个极具多样性的地区。从澳大利亚的沙漠到新西兰的雪山冰川，再到斐济的椰林沙滩，地貌景观都极为不同，一些较大的岛屿甚至在短短十余千米内就有多种地貌和气候类型。不过，大洋洲的大部分地区属于热带或温带地区，雨量充沛。热带雨林在靠近热带的一些岛国很常见，温带雨林在新西兰很常见，这两种类型的森林中都有很多动植物物种，甚至有很多史前孑遗物种，所以大洋洲是世界上最具生物多样性的地区之一。大洋洲亦有干

旱或半干旱地区，例如澳大利亚内陆及西部地区都是大片干旱土地，近几十年来，厄尔尼诺现象使澳大利亚北部和巴布亚新几内亚频繁发生旱灾。

大洋洲的海洋环境孕育了独特的海洋动植物。大洋洲由三个海洋区域组成：温带澳大拉西亚（Temperate Australasia）、印度洋-太平洋中部（Central Indo-Pacific）和印度洋-太平洋东部（Eastern Indo-Pacific）。温带澳大拉西亚是一片寒冷的水域，却是世界上海鸟最丰富的地区之一，有多种信天翁、海燕、海鸥，还有一些这个区域独有的鸟类。印度洋-太平洋中部则拥有全世界种类最多的热带珊瑚，世界上最大的珊瑚群就位于这片海域。印度洋-太平洋东部也以热带珊瑚闻名，但这里更为丰富的是海洋动物的种类。

由于大洋洲独特的形成历史和地理位置，这里生活着很多特殊的昆虫、鸟类，它们都是在与其他大陆隔绝的状态中进化而来的。大洋洲有百余种特有鸟类，包括许多海鸟；还有几百种本土蜥蜴和蝙蝠。大洋洲还是世界上唯一的卵生哺乳动物——单孔目动物的栖息地，现存的所有单孔目动物都原产

于澳大利亚和巴布亚新几内亚。大洋洲最特别的哺乳动物是各种有袋动物，如树袋熊和各种袋鼠，雌性有袋动物会把新生的幼崽养在育儿袋里。世界上曾出现过很多种有袋动物，但都已消失在历史的长河中。目前大洋洲存有约170种有袋动物，占全球有袋动物种类总数的70%。现存的有袋动物为什么多分布于大洋洲呢？作为一个古老的物种，在白垩纪晚期及古近纪早期，有袋动物可能分布于世界的很多地区。随着高等哺乳动物的出现，有袋动物在竞争上处于劣势，逐渐在亚洲、欧洲和非洲等大陆绝迹；但在此之前，大洋洲就已经与其他大陆分开，位于太平洋与印度洋之间，形成一个食肉类高等哺乳动物无法侵入的区域，因此大量有袋动物才能幸存至今。

整个大洋洲横跨东、西半球，陆地总面积约897万平方千米。与各大洲相比，大洋洲是南极洲之外陆地面积最小的一个大洲。这里文化艺术灿烂，多种原住民文化和宗教信仰在此汇聚。当地原住民的文化艺术都与海洋、岛屿、火山等有着紧密的联系，显示出大自然赋予原住民的精神力量。其中，海洋极大地影响了大洋洲的文化传统，当地人创造了无数的神话来阐释这片大地的自然现象。

本书选取了大洋洲一些有代表性的自然景观，对它们的自然特性进行了详细介绍，其中澳大利亚有22处，新西兰有17处，太平洋其他国家和地区有3处。选点原则主要是景观的独特性、代表性、观赏性、公众教育价值，以及可达度和安全性等标准，务求提升读者对各地区景观的认知度，希望能够引起读者对大洋洲的兴趣。

本书的编写，得到了中国国家地理·图书、澳大利亚地质学会（Geological Society of Australia）及澳大利亚地球科学委员会（Australian Geoscience Council）等机构及同人的大力支持与协助，在此表示衷心感谢。期望读者通过本书，对美丽的大洋洲有更加深入的了解，更加向往这片自然天堂。

在新西兰，当人们看到美丽的塔拉纳基山（Mount Taranaki），会
有种来到日本富士山的错觉

丰富的海洋资源使澳大利亚海岛景观呈现多种形态。图为澳大利亚
代表景观大堡礁中浪漫的"心形礁"

Australia
澳大利亚

　　澳大利亚是大洋洲国土面积最大的国家，由澳大利亚大陆、塔斯马尼亚岛和其他小岛共同组成，也是世界上唯一一个独占一块大陆的国家。澳大利亚总领土面积约769万平方千米，人口密度不大，生态状况极佳。在17世纪初荷兰探险家第一次踏上这片土地之前，当地原住民就已经在这里居住了至少4万年。1770年，英国占领了澳大利亚的东部地区，并于1788年开始将本土罪犯流放至殖民地新南威尔士；到了19世纪，淘金热吸引了更多的移民者，当地人口自此稳步增长，另外五个自治殖民区也应运而生。1901年，各殖民区改为州，成立澳大利亚联邦，由六个州和十个地区组成。

　　与其他国家相比，澳大利亚虽然不是国土面积最大的国家，却拥有超过3.5万千米的海岸线。被印度洋和太平洋包围的澳大利亚，与亚洲隔着阿拉弗拉海和帝汶海，与新西兰之间被塔斯曼海所阻隔。因幅员辽阔，岛屿众多，又被海洋与外界隔绝，所以澳大利亚也常被称为"岛屿大陆"。拥有碧玉般海水的悉尼港、大堡礁，是许多人对澳大利亚景观的第一印象。与海洋和沙滩相比，这里更为特别的是大面积的干旱地带。澳大利亚的年降水量不足500毫米，除了东北部的热带雨林和东部的山脉，中部、南部、西部都比较干燥。澳大利亚中部和南部是广阔的辛普森沙漠（Simpson Desert）和维多利亚大沙漠，在西部的西澳大利亚州，70%的地区都是气温高、温差大的干旱地区，因此人口多集中在拥有地中海气候的西南部。

　　澳大利亚是一片神奇、多彩的大陆，兼具野性和温柔，拥有沙漠、火山、海岛、雨林等多种景观。地理上的隔绝与地质类型的独特，造就了澳大利亚极为珍稀、古老的动植物种类。澳大利亚特有物种有近万种，如昆士兰热带雨林中大量冈瓦纳古陆时期的孑遗植物、极为特别的有袋动物和单孔目动物等，都为这片地质地貌丰富多样的大陆增添了原始且动人的生命力。

01

澳大利亚-新南威尔士州

Sydney Harbour
悉尼港

　　大约1万年前，末次冰期结束，地球上的气温逐渐升高，冰川开始融化，海水慢慢上升，淹没了曾经高耸的砂岩悬崖和深切的河谷。在澳大利亚，大名鼎鼎的悉尼港入口就是由这些被淹没的河谷演变而来的。悉尼港位于澳大利亚的东海岸，由数百个大大小小的海湾组成，从海德岬（Heads）到莱德大桥（Ryde Bridge），海岸线总长约240千米。海港岸边几乎没有平坦的土地，这种地貌是质地较软的砂岩在海水的常年侵蚀下形成的。远离海水侵蚀的内陆，则保留了原始的悬崖和岬角形态。

　　在澳大利亚成为英国的殖民地之前，悉尼港周围的地区属于埃拉（Eora）和达鲁克（Daruk）两个当地部落。欧洲殖民者抵达后，原住民被迫离开熟悉的生活环境，改变原有的生活方式。随着殖民者逐渐增多，原住民的生活和文化痕迹消失殆尽，如今只能在港口的个别地方找到原住民的岩刻和墓穴遗存。

　　后来，依托良好的地理位置与绵长的海岸线，悉尼港在此建立，其所在的悉尼市也逐渐发展成今日的国际大都会。近年来，悉尼市连续多次在经济学人智库（The Economist Intelligence Unit）发布的

悉尼港东部靠近太平洋的岩石多由砂岩组成，在海浪长期的侵蚀下，这些岩石容易碎裂成块，所以悉尼海岸边形成了巨石堆叠、悬崖垂直于海面的景象

悉尼港拥有良好的地理位置和较长的海岸线，悉尼也依托这个海港成为澳大利亚的经济中心（左图和下图）

位于悉尼港便利朗角（Bennelong Point）的悉尼歌剧院是悉尼市
的地标性建筑。整个剧院造型如同海上扬起的船帆，乘风破浪驶
向海洋

鸟瞰整个悉尼港，众多现代城市建
筑镶嵌于这片天然的海港之中，显
得和谐而自然

"全球宜居城市排行榜"上名列前茅，而悉尼港则有"全世界最漂亮的港口"的美誉。

蓝天白云之下，悉尼港的景色似乎比世界上任何港口都干净透彻，在阳光明媚的日子里，无数货船和游船穿梭其间。作为悉尼最著名的地标建筑，悉尼歌剧院和悉尼港口大桥（Sydney Harbour Bridge）与大海融为一体，令悉尼港更加魅力十足。入夜后，虽然来往船只少了，但在霓虹灯的映照下，海边餐厅的笑声与音乐声不断，悉尼港变成了一个与白天完全不同的地方——由一个交通繁忙的港口，变为灯火灿烂、欢乐洋溢的新天地。此时此刻，金黄色的灯光照射着港口边的悉尼歌剧院，它的每个建筑细节都呈现出来，比白天时显得更加温柔动人。

悉尼港是世界上著名的天然良港，为了保护周边的自然环境，港口附近设立了多个公园，其中最重要的就是悉尼港国家公园（Sydney Harbour National Park）。它由悉尼港及附近的岛屿组成，设立目的是保护港口一带的生态环境，同时也保护北角（North Head）和多布罗伊德角（Dobroyd Head）之间的水道。悉尼港虽然繁忙，但其海洋生态始终未被破坏，是海豚、鲸等海洋哺乳动物经常拜访的乐园。

悉尼港口大桥曾号称"世界第一单孔拱桥"，作为悉尼早期的代表建筑，是连接港口南北两岸的重要桥梁

海豚、鲸等海洋哺乳动物是悉尼港的"常客"

02

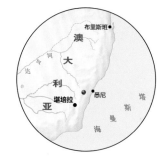

蓝山的"蓝"使其显得与众不同

澳大利亚-新南威尔士州

Blue Mountains
蓝山山脉

　　2000年，占地面积达10 300平方千米的蓝山山脉地区，被联合国教科文组织列入《世界自然遗产名录》。如今，当地规划了8个自然保护区来管理和保护蓝山的生态。蓝山地区的生态状况之所以被高度关注，是因为其所在的位置是一片广阔的砂岩高原，分布着无数的悬崖和峡谷，覆盖着翠蓝的温带桉树林。这样的地质地貌，完整地记录了澳大利亚板块脱离冈瓦纳古陆后，被地理隔离的桉树种群演变至今的过程，是植物学上极为重要的证据。

　　该山脉之所以得名"蓝山"，是因为桉树会挥发一种桉树油，当油滴与空气中的灰尘和水蒸气混合，折射阳光后便会呈现出以蓝色为主的光。在蓝山地区生长的桉树种群多达91种，密集的桉树不仅为壮美的蓝山增添了一份俏丽，也为人类探索桉树的生境结构提供了价值极高的信息。这里还有大量珍稀濒危植物。例如，原本被认为早已绝种的瓦勒迈杉（*Wollemia nobilis*），于1994年在蓝山地区被重新发现。这个古老的树种亦被称为"恐龙杉"，早在2亿年前就已存在于地球上。在此次发现之前，人们对它的了解仅仅来自化石，而这样珍贵的树种却一直在蓝山生存着，足以说明这里环境的独特。

蓝山山脉延续了大分水岭的辽阔与
壮观

澳大利亚大分水岭从澳大利亚东北
端向南延伸，几乎贯穿昆士兰州和
新南威尔士州的东部海岸线，然后
向西穿过维多利亚州，止于维多利
亚州西部的丘陵地带。广阔的蓝山
山脉是大分水岭的分支

历史上，蓝山地区曾多次发生森林
大火，但每次当地的生态都不会被
完全破坏，甚至能快速恢复，其原
因在于桉树生长速度快，在大火后
的几年内又可迅速成林。近处是三
姊妹峰

瀑布是蓝山地区吸引游客的亮点之
一。这里可供观赏的瀑布有卡通巴
瀑布（Katoomba Falls）、文特沃
斯瀑布（Wentworth Falls）等，约
有20处；多数瀑布附近都设置了步
道和解说牌，方便游客感受蓝山瀑
布的魅力

蓝山地区的物种多样性不仅体现在植物上，还体现在丰富的动物种类上。这里有52种哺乳动物、63种爬行动物，有265种鸟类是在澳大利亚首先发现的，洞穴无脊椎动物更是有67种。

距今4亿至3亿年前，蓝山地区的浅海区域有大量的海洋沉积物。斗转星移，这些沉积物演变成极厚的砂岩层，浅海层中的少量碳酸盐珊瑚礁演变为如今蓝山地区的一些喀斯特地貌。后来，悉尼周边的地层隆升。在地壳活动中，沉积的砂岩变为石英砂岩；慢慢地，在河水的侵蚀作用下，又形成了由页岩、粉砂岩和泥岩组成的极厚的沉积岩床，厚度约有500米。原来生长在海洋周边湿地的古老植物，也在一次次的地质变化中被埋在各种沉积物之下，最终变成煤层，为亿万年后这片土地上的能源开发奠定了基础。

大约1亿年前，地壳的再次隆升使坚硬的岩层再次弯曲破裂，出现明显的垂直裂缝；流水毫无阻碍地沿着裂缝向下奔泻，裂缝两侧的岩石渐渐抵不住冲击而崩塌。就这样，裂缝慢慢变成了深谷，流经悬崖的小溪也变成了飞流直下的瀑布，部分地表岩石甚至被分割成孤峰或峰群，著名的三姊妹峰（Three Sisters）正是由此而来。

蓝山山脉是丛林徒步爱好者的天堂，区内有难易程度不同、风景美丽的安全步行道十余条，其中有些步道已经被使用了一个多世纪。人们沿着这些山间小径，呼吸着山谷间清凉的空气，欣赏着高原顶、悬崖壁、山坡、谷底的郁郁葱葱的植被，再闻闻断崖上原生植被的味道，足以令人感到不虚此行。

蓝山是不同种类桉树的"博物馆"

03

杰诺伦洞穴内的钟乳石大多是由洞顶向下生长的，少部分由洞底向上生长的被称为"石笋"

澳大利亚-新南威尔士州

Jenolan Caves
杰诺伦洞穴

　　石灰岩洞是石灰岩中的碳酸钙因被地下水及其所含的二氧化碳长期溶蚀（即喀斯特作用）而形成的地下空间。如今世界上发现的石灰岩洞数不胜数，而位于澳大利亚东部蓝山山脉的杰诺伦洞穴更加令人瞩目。

　　作为世界上至今发现的最古老的天然石灰岩洞，杰诺伦洞穴已有3.4亿年的历史，其知名度不亚于蓝山山脉的著名景点三姊妹峰。杰诺伦洞穴喀斯特自然保护区（Jenolan Caves Karst Conservation Reserve）总面积约为30.8平方千米，洞穴总长度40千米。2000年，杰诺伦洞穴喀斯特自然保护区被联合国教科文组织列为《世界自然遗产名录》中蓝山地区的八个保护区之一，得到了全世界更多自然地质爱好者的关注。

　　整个杰诺伦洞穴是多层级结构，出口超过300个。早在1840年就已经陆续有人到访这里，但出于对洞穴原始性的保护，目前只有11个洞穴对公众开放。其中，最受游客欢迎的是杰诺伦洞穴群的代表洞穴——卢卡斯（Lucas）洞穴。卢卡斯洞穴结构复杂，顶层较高，光阶梯就有900多级，受到热爱登山、体力较好的旅行者的青睐。同时，卢卡斯洞

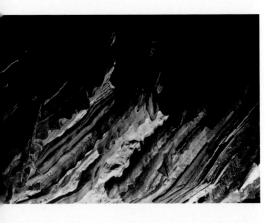

多数石灰岩的主要成分是碳酸钙, 含有二氧化碳的雨水与其接触产生溶于水的碳酸氢钙, 含有碳酸氢钙的水从洞顶滴下时又分解出碳酸钙、二氧化碳和水, 被溶解的碳酸氢钙又变成固体, 由上而下逐渐形成多形态的钟乳石

穴内空间很大，有一个让人十分惊叹的标志性景观"大教堂"（Cathedral）——一座高达52米、由洞底向洞顶生长的粗大石笋。另外，卢卡斯洞穴中的地下河很像一个蓄水池。河水从地面沿石灰岩裂缝流入地底，不断冲刷、溶解流经的石灰岩，将裂缝扩大，部分岩石最终倒塌，形成大小不一的坑道及石室，遍布整个洞穴。

　　在这里，另外一个极为独特的洞穴是帝国（Imperial）洞穴，它的与众不同之处在于洞穴内的岩石藏有丰富的海洋生物化石，例如珊瑚、腕足类贝壳、海百合及层孔虫目等海洋动物。这些化石说明，2亿多年前的蓝山地区位于海底，后经地质作用才成了如今高耸的山脉。仔细查看藏于石灰岩内的海洋生物化石，就如同穿越到远古的海底世界观赏海洋古生物，令人不禁感叹亿万年间陆地与海洋的神奇演变。

　　这里多数洞穴的环境都较为阴暗、潮湿，使人产生一种微妙的恐惧感，巴力神庙（Temple of Baal）洞穴就是如此。"巴力"是《圣经·旧约》中提及的牛羊神，巴力神庙洞穴有两个巨大石室，其中一个可以观赏到杰诺伦洞穴的镇洞之宝——天使之翼（Angel's Wing）。这片被天使遗落的"翅膀"从石室顶部垂下来，形成一片长达9米的石披肩。它的形成主要由地下水沿石灰岩的表面长期缓慢向下渗漏，碳酸钙不断沉积，向下堆积所致。该洞穴内还有石牙、石笋、石树枝、水晶花、岩洞穴珠等钟乳奇石，分布在步道的不同位置。

　　人们对大自然和生命始终怀有敬畏之心。在当地原住民的心中，杰诺伦洞穴被视为"寻找和平安定的地方"，因为原住民认为杰诺伦洞穴是神话中"古兰加奇"（Gurangatch，一种代表安静与和平的生物）的故乡。洞内的河水更是被原住民视为"圣水"，传说这河水"有极强的治愈能力，能医百病"，数千年来有无数到访者深入山洞直至地下河，在水中沐浴，祈求大自然的力量化解病痛。

这座壮观的石笋（大教堂）位于杰诺伦洞穴最高的"房间"里，这里的空间大到可以举行规模较大的婚礼和音乐会

洞穴内的地下河为杰诺伦洞穴增添了奇幻的色彩

04

澳大利亚-新南威尔士州

Mungo National Park
芒戈国家公园

　　芒戈国家公园是早在1981年就被列为世界文化和自然双重遗产的威兰德拉湖区（Willandra Lakes Region）的一部分。芒戈国家公园位于新南威尔士州的西南部，除了壮观的沙漠地貌之外，它还拥有世界上最重要的古人类遗址之一，保存着几万年前的人类生活遗迹。

　　公园内的古人类遗址位于已干涸的芒戈湖区，这里曾经是一片宜居的湖泊湿地。随着末次冰期的结束，地球气候大幅度变化，湖水逐渐减少，最终完全枯竭。

　　在芒戈国家公园，发现远古人类生活的遗迹和巨型有袋动物的化石都不足为奇。1968年，公园发现了一具"芒戈女"火葬遗骸，据考古学家推测，它距今约有4万年，这里也因此成为目前发现的世界上最早的火葬场所。1974年，考古学家又发现了一具与"芒戈女"下葬年代相近的男性骸骨，这具骸骨被称为"芒戈男"，目前保存在堪培拉的澳大利亚国家博物馆（National Museum of Australia）内。这些发现是澳大利亚人类进化史上独一无二的见证，它们清楚地"诉说"着原住民几万年来的生活情况及进化历史。

冲沟是芒戈国家公园的典型地貌，其主要成因是雨水带走了洼地内的松散沙石，地表被冲刷成枝状的沟槽

芒戈国家公园的鸸鹋（*Dromaius novaehollandiae*）

芒戈湖已干涸了数千年，原本湖床上还有植被覆盖，随着欧洲人的到来，兔子、羊等外来物种入侵，破坏了植被，风沙侵蚀更为严重

虽然这片广阔的大漠之下隐藏着古人类的生存遗迹，但目前真正进行了有效发掘的只有公园内的月牙沙丘。这种沙丘大多由四个主要沉积物层构成，每层都代表不同的年代和环境气候条件。最上面的三层沉积物存有大量的人类居住实证，如炉膛、中坑（废弃物坑）、石器、墓葬等。月牙沙丘对寻找、研究这里的古代遗产具有重要意义。为防止文物和环境被破坏，现在月牙沙丘严禁攀爬。

千万年来，风与水的不断侵蚀，塑造了芒戈国家公园的多种地貌。除了棕红色的土壤和月牙沙丘，公园里最引人注目的景观莫过于侵蚀地貌。在雨水的冲刷下，原本松散的砂泥表面形成了大小、深浅不一的侵蚀溪谷，散布在芒戈国家公园的沙地上。日落时分，阳光洒向金黄的沙漠，起伏的小山丘和溪谷的层次更加分明，大地的线条变得更为细腻，足以吸引每个路人驻足。

公园内的植物大多能适应极端的沙漠气候，具有耐旱、耐热、抗盐碱等特性。公园内常见的哺乳动物则是几种大型袋鼠

余晖里，沧桑的侵蚀溪谷看起来也柔和了许多

黄昏是芒戈国家公园一天中景色最迷人的时刻

05

澳大利亚-新南威尔士州

White Cliffs
怀特克利夫斯

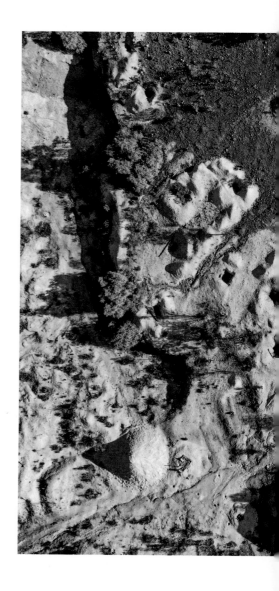

　　怀特克利夫斯也被译作"白崖"。对很多人来说，百余年来这个小镇的最大魅力来自一种宝石——蛋白石。澳大利亚是世界范围内蛋白石的主要出产国家之一，而怀特克利夫斯则是澳大利亚第一个商业开采蛋白石的地区。这里的开采活动最早可追溯到1889年，那时，大批寻宝者从全国各地涌来，使这里从少有人迹的不毛之地变成人口过千的小镇，热闹非凡。

　　随着小镇的采矿工程越来越多，这片土地也变得千疮百孔。在小镇及周边的土地上，共有大大小小约5万个矿洞，洞口平均直径约2米，深10米，从空中看就像密集的蚂蚁巢穴。后来，随着优质蛋白石资源的逐渐减少，除少数个人探矿活动外，这里的采矿工程逐渐停止，矿工也陆续离开了。曾经喧闹的小镇恢复了安静，只剩下数万个废弃的洞穴，散布在这片土地的各个角落。

　　在地理上，怀特克利夫斯深入内陆，远离海洋及湖泊，受大陆性气候影响，日夜温差大，空气干燥炎热，夏季（12月至次年2月）平均温度达38.7℃。因为宜居度较低，目前小镇的常住人口也非常少，只有百余人。为了不让小镇没落甚至彻底消

如今，废弃的矿坑是小镇上最引人注目的景观

从高空看，这里密集的矿洞就像一个挨一个的蚂蚁巢穴。矿洞的开采深度不大，约为10米，因为蛋白石多埋藏于距地面数米的岩层里，无须挖掘过深即可找到

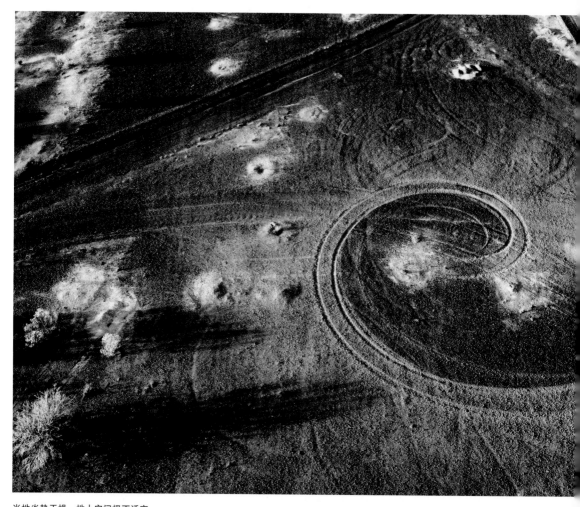

当地炎热干燥，地上空间极不适宜
长期居住

怀特克利夫斯的太阳辐射强度很
大，1981年，这里建成了澳大利亚
第一座太阳能发电站，生产的电力
主要供当地使用

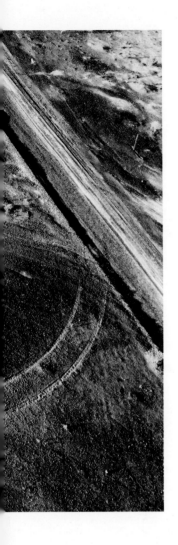

失，地方政府鼓励居民以旅游业带动经济。为了增加当地特色，部分废弃的矿坑被改建成极具特色的地下旅馆，供游客入住及参观。

地下旅馆的内部设计别具匠心。因为没有阳光，所以墙壁和天花板一般以白色作为主色，以增加亮度；墙上开凿了有利于空气流通的孔洞，所以即使没有空调设备，全年仍可保持19~23℃的舒适温度。所有的客房均不提供电视，房客可以体验真正宁静的地下生活。设施较为完善的旅馆内还有酒吧、餐厅等场所，满足游客的多种需求。

对被破坏的矿区进行改良，这种发展方式不仅对环境友好，也为当地增加了经济收入，为当地人提供了新的就业机会。今天，除了有很多本地人愿意留下来为家乡做贡献，也有不少外地年轻人来此发展。怀特克利夫斯的资源再利用成为当今澳大利亚乡郊矿区可持续发展的成功案例之一。人们对自然资源的过度索取已成为历史，现在，对废弃矿区的再利用，反映了人类因地制宜改善环境的思维和对自然生态的珍惜与适应。

因为当地夏季炎热，气候干燥，地上空间极不适宜长期居住，废弃的矿坑又不少，这里的居民便顺势而为，转向地下，加强矿坑内部结构的安全性，安装通风系统、水电、排污等居住设施，并通过摆放家具、内部装修等措施，将原来黑暗无用的废弃矿坑变为冬暖夏凉的舒适住所

06

澳大利亚-新南威尔士州

Warrumbungle Range
沃伦邦格尔岭

　　沃伦邦格尔岭位于新南威尔士州东部的奥拉纳地区（Orana），在沃伦邦格尔国家公园（Warrumbungle National Park）的范围内，其典型形态是在丘陵灌木与山地森林中绵延的巨大的尖峰状火山岩，这些高低不一的岩石穿插在山脉之间，远远望去，山脊呈锯齿状。

　　沃伦邦格尔岭的名字，来源于新南威尔士原住民的语言，意为"弯曲的山脉"。用"弯曲"来描述沃伦邦格尔岭，看似不那么准确，毕竟所有山脉的走向都是曲线，但此处的"弯曲"实际指的是沃伦邦格尔岭独特的锯齿状山脊线。

　　现在的澳大利亚东部是一片平静、没有火山活动的地带，但在过去的7000万年中，火山活动却给从昆士兰州到塔斯马尼亚岛沿岸的宽阔地带带来了极大改变，其中就包括如今的沃伦邦格尔岭。

　　1.8亿年前，这里还是一片湖泊，沙和泥被水流携带到此并沉积于湖底，经过长期积累和压缩，形成了沉积岩。1700万到1300万年前，沃伦邦格尔一带火山爆发，岩浆从地底喷涌而出，呈放射状地向四周流去；古老的沉积岩被激烈的喷发作用粉碎，被温度极高的火山碎屑和熔岩覆盖甚至熔化。其

澳大利亚最大的天文台设在沃伦邦格尔国家公园山顶

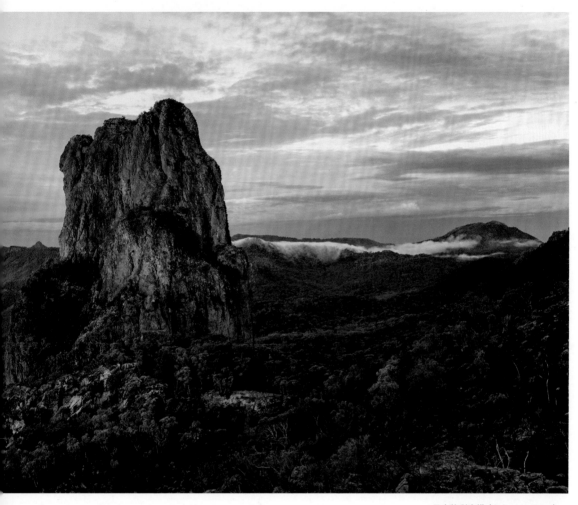

贝卢格利尖塔（Belougery Spire）。
这里和火山口崖、面包刀石都是每
年春秋两季攀岩人士的高频目的地

沃伦邦格尔岭原来的大部山体都
已被自然侵蚀磨平，剩下的都是抗
蚀力较强的火山岩石，如图中的火
山颈，即火山喷道管

中，没有被完全熔化的大块沉积岩会逐渐冷却形成集块岩或火山角砾岩，较细小的沉积岩则形成火山凝灰岩。最终，各种各样的火山岩石共同形成了沃伦邦格尔岭的最初形态——一座高约1000米的大型盾状火山。

如今，在长期的自然风化中，沃伦邦格尔岭的大部分已被磨平，仅存一些火山遗迹，包括火山碎屑层、火山颈、堤坝、熔岩流等。其中，特点比较鲜明的火山遗迹有面包刀石（The Breadknife）、贝卢格利尖塔、火山口崖（Crater Bluff）、断崖山（Bluff Mountain）和埃克斯茅斯山（Mount Exmouth）。这些形态独特的岩石崖壁因其雄、险、奇、秀等特点，成为登山和攀岩爱好者的天堂。这里的攀岩活动多集中于火山口崖及贝卢格利尖塔处，其中火山口崖是澳大利亚最难攀爬的山岩之一，对大部分攀登者来说，它既是巨大的挑战，也是巨大的吸引。

沃伦邦格尔岭不仅能吸引攀岩爱好者，还受到了不少天文迷的高度关注。这里设有澳大利亚最大的天文望远镜和天文研究基地，即赛丁泉天文台（Siding Spring Observatory）。这座天文台是1962年在海拔约1160米的高山上修建的，共安装了12台高精度的巨型天文望远镜。为什么天文台会选址在沃伦邦格尔岭呢？因为这里拥有十分理想、无污染的夜空环境，是整个澳大利亚视野最纯净的观星点。天文台还特设游客中心，附有普及天文知识的展览厅。游客中心对一些学校和社会的旅行团开放，游客可以参观并了解天文台的设备及运作情况。

如今残破的山体，背后隐藏着火山爆发和经历漫长风化侵蚀的古火山发展历程

火山口崖和面包刀石。这两座尖峰极为突出，是沃伦邦格尔岭的代表景观

公园内的火山遗迹由比较坚硬的岩石构成，地势险峻，敢于挑战的多为专业攀岩人士

07

波蒂国家公园的岩石上有许多漂亮的利泽冈环，如同一幅幅天然图画

澳大利亚-新南威尔士州

Bouddi National Park
波蒂国家公园

　　波蒂国家公园是一所临海公园，位于澳大利亚新南威尔士州中部海岸的波蒂半岛（Bouddi Peninsula）上。如今，波蒂半岛美丽的海岸带是它重要的名片，但这里曾经是陆地。大约1.9万年前，全球气候变暖导致极地冰川融化，海平面上升，海水淹没了原有的山谷，激烈地拍打着附近的沉积岩，如此便形成了波蒂半岛如今的海蚀崖和海岸线。

　　可以毫不夸张地说，波蒂国家公园拥有全澳大利亚最漂亮的海岸步行道之一。沉浸于海浪声、风声、鸟鸣声等大自然的音乐之中，观察海鸟觅食、巨鲸逐浪，无比惬意。同时，还可以欣赏到这里最独特的景观——多姿多彩的海岸地貌。这里有由沉积岩构成的层层叠叠的海蚀崖，还有岬角、海湾、海蚀平台、沙丘、潟湖等。其中，最奇特、最著名的海蚀景观是彩色的利泽冈环（Liesegang Ring）和棋盘石（Tessellated pavement）。

　　当海边的岩石和地层中的矿物质（多数是铁）经过淋滤作用并沉淀后，岩石上就会出现大量大小不同、颜色不同的环状图案，形成利泽冈环。最后，深浅不一的咖啡色、黄色、橙色等多种颜色在

海浪拍打着岸边的棋盘石

海水长期侵蚀公园海岸边的砂岩岩层，塑造了海蚀崖、海蚀台、海蚀拱桥等多种海蚀地貌

岩石上共同绘出一幅天然的图画，在阳光照射下尤为醒目。另一种特别的地质现象就是步道旁靠近崖边的砂岩质的棋盘石，这在世界范围内都很少见。多数学者推测，这是上层泥土及岩层被风化后，下层的砂岩岩层受到的挤压力变小，岩层出现系统性的裂缝，因而形成了正方形或多边形的格子。它们像棋盘，也像人工铺设的地砖。

"波蒂"在当地语中是"心脏"的意思，可见这里对当地人的重要性。公园内及周边地区有百余个原住民的重要遗址，石刻、岩洞居所、磨沟等生活遗迹的存在，足以说明这个风景如画的海岸曾是当地居民的重要生活家园。

海边的木制步道舒适易行，是新南威尔士州风景最漂亮的公园步道之一。顺着这条路走下去，静听惊涛拍岸，棋盘石、利泽冈环皆可收入眼底

当阳光照耀海面时，大海会显露出庄严沉稳的气质；在五光十色的利泽冈环的点缀下，这里的海岸风光亦多了一分神奇与灵动

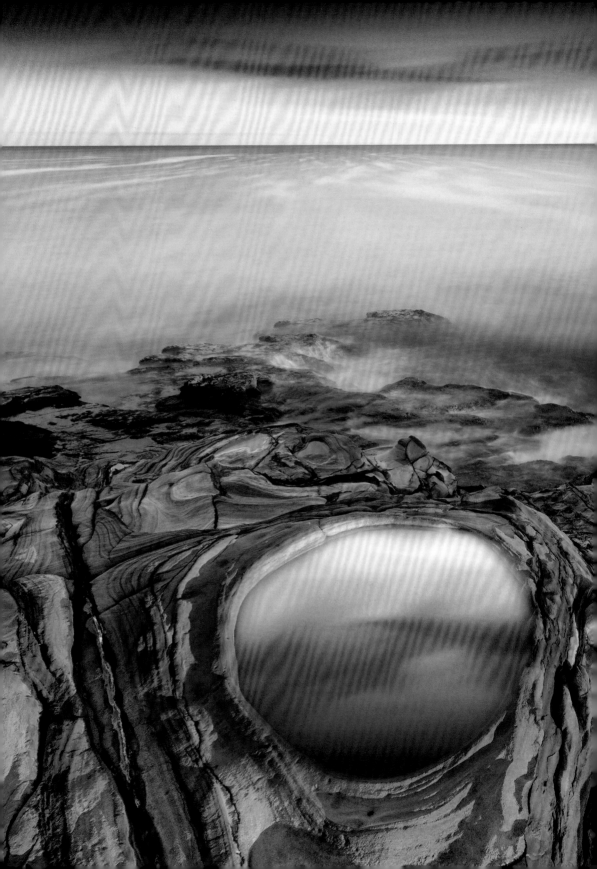

当岩石裂缝中渗入含有氧化铁的地下水，裂缝线就会变硬；中央的砂岩质地较软，被海水、海风侵蚀后易塌陷，从而形成蓄水的棋盘石

08

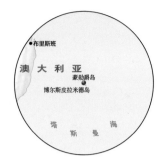

澳大利亚-新南威尔士州

Lord Howe Island
豪勋爵岛

　　澳大利亚岛屿众多，大小不一，面积最大的有6万多平方千米，最小的仅有2平方千米。其中有这样一处岛屿——这里没有高层建筑，没有熙熙攘攘的人群，没有露营帐篷，甚至没有任何交通工具，只有松软的白色沙滩、清透如玉的海水、慵懒的海龟和成片的棕榈树。这就是"漂"在澳大利亚东部的塔斯曼海上的豪勋爵岛。

　　豪勋爵岛是西南太平洋中一处月牙形的火山残留体。岛屿西部的白色沙滩上布满珊瑚礁潟湖，是岛上11个海滩中最容易到达的一个。岛的北部和南部是覆盖了原始森林的山地，其中南部有两座火山，分别为海拔约777米的利德伯德山（Mount Lidgbird）和岛上的最高点、海拔约875米的高尔山（Mount Gower）。这两座火山被厄斯金山谷（Erskine Valley）分隔开来。岛上人口集中于北部开阔的低地，建有农场、机场和房屋。

　　联合国教科文组织早在1982年就将豪勋爵岛及其周围的小岛（Lord Howe Island Group）列入《世界自然遗产名录》，因为该岛群大部分地区都是原始森林，生存于此的许多物种在世界上更是独一无二的。

为了保护岛上脆弱、珍贵的生态环境，目前岛上禁止游客携带宠物，也不允许露营

月牙形的豪勋爵岛守护着明媚的塔斯曼海

豪勋爵岛的南部被高低错落的原始森林所覆盖，可以看到远处的利德伯德山和高尔山

博尔斯皮拉米德岛（Ball's Pyramid）这个高耸的岩石小岛，体现了
作为火山遗迹的豪勋爵岛险峻陡峭的地势特点

整个豪勋爵岛群面积大约有15平方千米，共包括28个小岛，其中最著名的是博尔斯皮拉米德岛。这是一个高551米的尖形岩石小岛，它周围的自然景色多变且独特，清楚地展示了地幔和海洋玄武岩的关系。同时，这里是世界上珊瑚礁分布地域的最南端，给濒危的海鸟提供了驻足之地，给海龟提供了良好的筑巢空间，就连曾被认为已经灭绝的豪勋爵岛竹节虫（*Dryococelus australis*），也在这里被重新发现，并开始人工繁育。

每个来到豪勋爵岛的人，几乎都会惊讶于岛上"原始"的生活环境。当前，岛上的常住人口约350人，游客数量控制在每天不超过400人。岛上不仅没有公共交通工具，也没有移动通信网络，但有公共电话、传真和互联网服务。岛上的电力供应来自柴油发电机，用水则是井水和收集的雨水。大部分用过的水经过处理后，会再次使用，如种植、灌溉等，循环利用，非常环保。岛上的物资供应主要靠约570千米外的麦夸里港（Port Macquarie），每两周一次将物资运到岛上。

相传，豪勋爵岛是由英国海军军官首先发现的，那时军方的船队也经常路过这里。早期的大部分定居者是欧洲的捕鲸人，至今已有六代以上。如今，当地居民的经济来源主要是棕榈种植、渔业和农业活动。

高尔山位于豪勋爵岛的南端，是豪勋爵岛上的最高点。山体由灰黑色的玄武岩组成，大部分是百万年前被严重侵蚀的盾状火山所留下的遗迹。虽然山顶处相对平坦，但登顶高尔山并不是一件容易的事，普通游客可能需要8个小时才能完成

豪勋爵岛气候温和，极适合棕榈树生长。岛上种植的平叶棕（*Howea forsteriana*，也叫肯蒂亚棕榈）是世界上最受欢迎的装饰棕榈树种

09

砂岩巨石乌卢鲁

澳大利亚-北方领土地区

Uluru-Kata Tjuta National Park
乌卢鲁-卡塔楚塔国家公园

　　澳大利亚因其独特的自然条件孕育了多种奇特的地貌景观，每年有大批游客从世界各地慕名而来。位于澳大利亚北方领土地区南部的乌卢鲁-卡塔楚塔国家公园，堪称澳大利亚最知名的自然地标。

　　澳大利亚约70%的国土属于干旱或半干旱地带，大部分地区不适合人类居住。乌卢鲁-卡塔楚塔国家公园的所在地就是一片沙漠。在这片平坦广阔的沙漠上，有两座最为突出的砂岩巨石，一座是乌卢鲁（Uluru，旧称艾尔斯巨石），另一座是位于其西侧25千米的卡塔楚塔（Kata Tjuta，旧称奥尔加山）。这两座岩石的存在就像拔地而起的两座岛屿，地貌学上称为"岛山"（inselberg），即突出而孤立的残余丘陵，四周是广阔而平坦的陆地。

　　乌卢鲁岩几乎与地面垂直，向西南方向倾斜约85°，露出地面的部分高约348米。它主要由富含长石族矿物的砂岩和砾岩组成，由于花岗岩含有大量长石和石英，可以推测乌卢鲁的岩性为花岗岩。这里的侵蚀、沉积活动始于5亿多年前，邻近的造山运动将岩层推升，形成如今的乌卢鲁。卡塔楚塔的形成也经历了同样的过程，但它主要由砂砾岩和卵石组成，这说

站在乌卢鲁巨石旁，经常能遇到一跃而过的袋鼠

当橙红色的夕阳笼罩着暗黄色的沙漠时，原本灰黄色的乌卢鲁也透出红色，犹如广袤沙漠上的琥珀

明当时这里受河水的影响较大。

　　乌卢鲁和卡塔楚塔原本是灰色的，但岩石内的含铁矿物氧化后，表层呈现出红棕色。由于地球大气层对太阳入射光线的影响，两块岩石在一天的不同时间会呈现出颜色变化。大气中的灰尘和水蒸气能起到过滤蓝光的作用，正午时分，当太阳在我们头顶时，阳光穿过大气的距离相对较短，过滤作用减弱，乌卢鲁和卡塔楚塔看起来不是红色。但在早晨和傍晚，当太阳在低空时，阳光必须穿过厚厚的大气层才能到达地球表面，两块巨石就变为橙红色，这是它们一天中最漂亮的时刻。

　　当前，已知在乌卢鲁附近生活着46种本地哺乳动物，包括多种负鼠、袋鼠和野兔。另外，至少有7种蝙蝠将乌卢鲁和卡塔楚塔的洞穴和缝隙作为日间栖息地。该公园有多种爬行动物，有记录的有73种。这里的植物大多能抵抗干旱及高温。

　　乌卢鲁是澳大利亚最重要的原住民遗址之一，对当地的原住民阿甘古人（Anangu）具有重要的历史文化意义。这里被视为圣地，在石壁上、山洞内都可找到原始壁画，描绘了古人的生活细节。1987年和1994年，这里因其重要的自然地理价值和原住民的文化价值被联合国教科文组织分两个阶段先后列为世界文化与自然双重遗产。

巨石卡塔楚塔位于乌卢鲁西侧25千米处，二者都很壮观

极度干旱的环境下，动物和植物都相
对耐热、耐旱。恶劣的环境少有人踏
足，也保护了许多当地特有物种

当地特有物种窝玛蟒（*Aspidites
ramsayi*）在公园内出没

澳洲棘蜥（*Moloch horridus*）又称
"魔蜥"，是澳大利亚特有物种。
它长相凶狠，实际却不会伤害人
类。它可以改变自身颜色，使自己
融入周围环境；当受到惊吓时，它
会把自己的头埋在两条前腿之间

近年来处于濒危状态的大沙漠
石龙子（*Liopholis kintorei*）

10

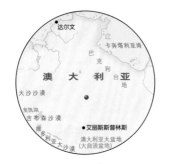

澳大利亚-北方领土地区

Devils Marbles
魔鬼大理石

　　从澳大利亚北方领土地区的达尔文市（Darwin）往南驶向风景宜人的内陆小镇艾丽斯斯普林斯（Alice Springs）的路上，大多数人都会被途中一些造型奇特的金黄色巨石所吸引，这就是魔鬼大理石，原住民将其称为"卡鲁卡鲁"（Kalu Kalu），意为"圆石"。

　　魔鬼大理石保护区（Devils Marbles Conservation Reserve）于1980年被列入澳大利亚的《国家遗产登记册》（现已失效），两年后又被原住民地区保护局注册为"圣地"。2011年，保护区更名为"卡鲁卡鲁/魔鬼大理石保护区"。这里不仅有独一无二的巨大天然圆石群，还保留着世界上最古老的宗教场所之一。这里的岩石壁画记录了极为丰富的祭祀活动，说明在过去的4万年里，当地的宗教活动很频繁。同时，原住民中还流传着许多浪漫的故事。传说这里的红色岩石是由充满能量的星团变成的，那些圆润的巨石则是彩虹大毒蛇产下的巨蛋。这足以说明，在当地人心中，魔鬼大理石是极为重要的文化符号。

　　这些巨石主要分布在保护区西侧。乍一看，这几块圆润美丽的巨石与四周苍凉的环境格格不入，它们就像消失的古文明遗迹，又像从太空落到

被冰劈作用"劈开"的岩石。地表水（如雨水）渗入岩石裂缝并被冰冻后，体积发生膨胀，从而在岩石内部产生压力使其破碎，这种作用被称为冰劈作用

左图和下图中呈现的是露出地表的花岗岩，在球状风化作用下，原本突出的棱角经受风吹雨打，渐渐趋向球形

从空中俯瞰，魔鬼大理石在周围环
境中格外引人注目

球状风化形成的花岗岩"石蛋"是
这里极具代表性的岩石

地球的陨石，这一切都是大自然的杰作。

这些巨石原本是长期埋在地下的花岗岩，由于地表的岩层和泥土被风化剥蚀，逐渐露出地表。表面的压力减小后，终于"解脱"的花岗岩肆意膨胀，甚至出现裂缝，空气和雨水顺着缝隙大肆侵入，使其产生更多裂缝；同时，较大的日夜温差又使岩石表面不断地膨胀和收缩，本来坚硬的石头也变得脆弱，表面开始像洋葱一样一层层地剥落，最终形成圆润的花岗岩块，这种现象被称为"球状风化"。在自然的力量下，风化和侵蚀过程持续进行，圆润的岩石被再次劈开、风化，形成各种形状的巨石，共同成就了现在的"魔鬼大理石"。

日落是魔鬼大理石最美的时刻。空中大批回巢的鸟儿激动地鸣叫，袋鼠、鸵鸟成群结队地出动觅食，金黄的巨石、棕红的土地、广阔的大漠、黄昏的晚霞，眼前是一片典型的澳大利亚自然风光，美到难以用笔墨形容。

魔鬼大理石保护区是许多动物的家园，巨石间的阴凉处通常被蛇、蜥蜴、鸟类等动物当作乘凉休息的地方。坚韧的野草在这里自由生长，一些小动物会在草丛里挖洞避暑或避难

11

澳大利亚-昆士兰州

Great Barrier Reef
大堡礁

1770年，英国"奋进"号（HMS Endeavour）轮船在礁石和澳大利亚大陆之间搁浅，船体被撞了个大洞，船员只能滞留在当地。"奋进"号上的植物学家约瑟夫·班克斯（Joseph Banks）走下船时，看到了从未见过的美丽景观。他后来写道："我们经过的这片礁石在欧洲和世界其他地方都是从未见过的，这是一堵珊瑚墙，就矗立在这深不可测的海洋里。"班克斯所看到的"珊瑚墙"，就是如今已被吉尼斯世界纪录认证的，世界上最大、最长的珊瑚礁群，也是世界上最有活力的生态系统之一——大堡礁。

大堡礁所拥有的世界上最大的珊瑚礁群长约2300千米，宽60~250千米，是从卫星影像中都可以看到的地球上的极大生物结构。1981年，大堡礁因其极高的生态价值、科研价值、观赏价值和标志性的国际地位而被列入《世界自然遗产名录》。当时负责评估的世界自然保护联盟（简称"IUCN"）在报告上这样写道："很明显，如果世界上只有一个珊瑚礁遗址被选入《世界自然遗产名录》，那么大堡礁就是那个应该被选中的地点。"

大堡礁区域内有约3000个独立的珊瑚礁，共900

在大堡礁，珊瑚的种类繁多，珊瑚礁的形态也极为丰富

在高空鸟瞰大堡礁时，见者无不被其壮丽所震撼，大堡礁不仅拥有世界上最大的珊瑚礁生态系统，更有无数的海洋生物以此为理想居所，为地球母亲在水下世界延续生机与活力

大堡礁内的约400种珊瑚共同构建出奇妙的珊瑚世界

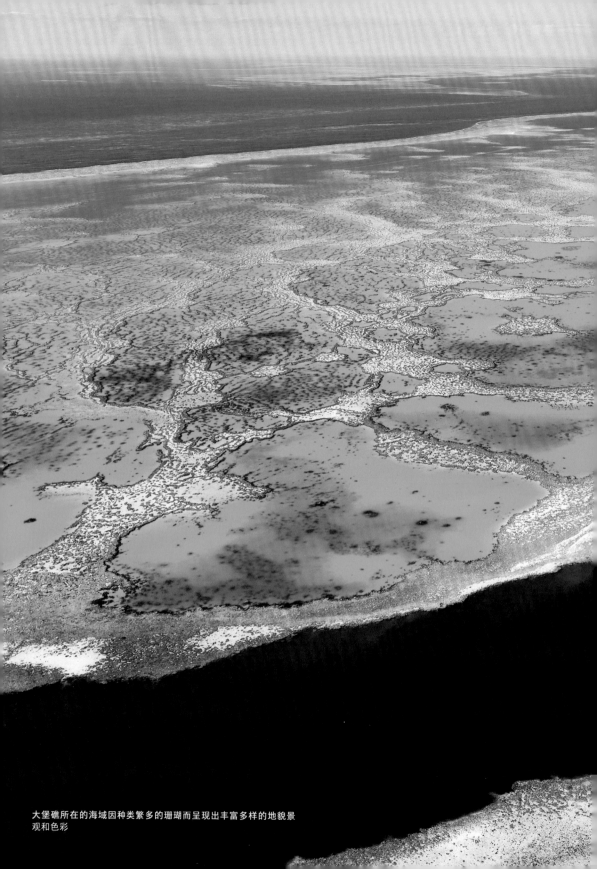

大堡礁所在的海域因种类繁多的珊瑚而呈现出丰富多样的地貌景观和色彩

大堡礁全年的海水温度都很高，是潜水爱好者观赏水下美景的天堂。这里不仅能清晰地看到种类繁多的珊瑚，还是观察多种鲨鱼的好去处，给鲨鱼喂食已经成为大堡礁颇受欢迎的潜水活动之一。下面两幅图则呈现了色彩多样的海底世界

多个岛屿。从浅海地区的海草、红树林、藻类及芦苇群落，到离岸250千米的深海区域，皆有动植物生存，海洋生态环境优良。在大堡礁栖息的海洋物种数量占世界上已知海洋物种总数的1/4，光珊瑚礁上就生活着约4000种软体动物和1500多种鱼类，海岸上则是约240种鸟类的栖息之地。

大堡礁的珊瑚礁面积约占全世界珊瑚礁总量的10%，组成珊瑚礁的软、硬珊瑚约有400种。大堡礁的每一座珊瑚礁都在不断地生长和进化。它们大致可分为三类：障壁礁（Barrier reef）平行于海岸，与海岸之间有潟湖；边缘礁（Fringing reef）靠近海岸或环绕岛屿；环礁（Atoll reef）则是一种圆形的珊瑚礁，中间有一个环礁湖。

其实，大堡礁内珊瑚礁的完整结构早在60万年前就已形成，但由于气候变化导致的海平面变化，早期的原始珊瑚礁已经不复存在了。大约2万年前，冰期刚刚结束，海平面上升，沿海陆地被海水淹没，新的珊瑚礁开始在古老的珊瑚礁遗迹上不断生长扩张。距今1.3万年时，海平面几乎已经达到现有的高度，澳大利亚东部群岛的海岸被淹没，原本沿海地区的山丘变成大陆岛，珊瑚礁环绕大陆岛继续生长，越长越高，终于形成了今日令人惊叹的珊瑚礁系统。

大堡礁是独一无二的，是充满活力和生机的，但也是脆弱的。20世纪以来，大规模的捕鱼捕鲸等人类活动对海洋生态造成了极大的破坏，许多濒危物种在地球上的栖息地日益减少。大堡礁就保护了很多岌岌可危的动植物，如果这里也因人类的过度索取而变得伤痕累累，那么这一独特的生态系统将不复存在。

与大多数海洋动物相比，海马不太善于游泳，但因其拥有灵活的尾部，所以它们喜欢生活在有珊瑚礁的海域中，与海藻为伴，以便用尾部缠住珊瑚和海藻，使自己不被突如其来的激流冲走

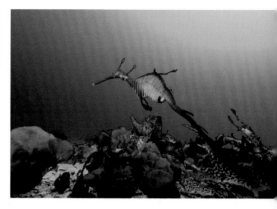

大堡礁为海洋生物提供了广阔的生存空间，有上千种鱼类游弋其中

海葵的伙伴——小丑鱼

海龟多生活在靠近水面、温暖舒适的浅海区域，大堡礁的海龟多分布于大堡礁南部。近年来，由于气候变暖、非法盗猎等因素，海龟的种群数量大幅度下降。目前，所有的海龟种类都已被列入《濒危野生动植物物种国际贸易公约》（CITES）的保护名单中

大堡礁的区域内生活着几十种鲸和海豚，还有百余种鲨鱼和鳐鱼，想在大堡礁的水下看见鲸结伴而行或鲨鱼穿梭而过，并不是件难事

12

当地结构复杂的生物群落孕育了许多奇特的物种

澳大利亚-昆士兰州

Wet Tropics of Queensland
昆士兰热带雨林

　　在很多人的印象里，澳大利亚的气候炎热、干燥，人们很难想到，昆士兰州的东北部有一大片湿润、茂密的雨林。这里是澳大利亚最潮湿的地区，全年降水量约是全国平均量的40倍。雨林、河流、峡谷共同构成了昆士兰地区最为奇特的原始生物王国——昆士兰热带雨林。

　　昆士兰热带雨林于1988年被列入《世界自然遗产名录》，通常被称作昆士兰热带雨林生态区。从茂密雨林到沿海地区，再到高原山脉，整个生态区占地32 700平方千米，与我国海南省的面积（34 000平方千米）相近。整个区域的海拔落差达1477米，分为北部、中部和南部三个部分。最大的是北部地区，被称为湿热带生物区；中、南两部分以布里加洛（Brigalow）热带稀树草原生态区为界，中部地区以昆士兰州的麦凯（Mackay）为中心，南部地区则是肖尔沃特湾（Shoalwater Bay）以南的区域。

　　作为澳大利亚最大的热带雨林区，整个生态区内的热带雨林覆盖率达80%，极具生物多样性，仅国家公园就多达41个。据统计，雨林区内的植物约有3000种，哺乳动物107种，鸟类370种（约占澳大利亚鸟类种数的40%），爬行动物113种（约占澳大

昆士兰热带雨林位于澳大利亚东北部，大分水岭作为重要的地理屏障，将这里与西部干旱地区分隔，使其不受沙漠气候的影响，保留了东部海洋性气候，同时，这里还受到北部热带气候的影响。特殊的地理位置造就了湿热的环境，为神奇独特的昆士兰热带雨林提供了重要的发育条件

昆士兰热带雨林是澳大利亚面积最大、最原始的热带雨林，湍急的水流、深切的峡谷、遍布古老物种的森林，使这里成为澳大利亚乃至大洋洲一处值得骄傲的自然宝库

利亚爬行动物种数的20%），蛙类54种（约占澳大利亚蛙类种数的25%），淡水鱼类78种（约占澳大利亚淡水鱼类种数的41%），此外还有约40 000种昆虫。

"原始"是昆士兰热带雨林生态区最耀眼的特征。昆士兰热带雨林的形成时间比著名的南美洲亚马孙热带雨林早8000万年，因而容纳了更多、更古老的生物种群。目前，世界上有记载的冈瓦纳古陆的孑遗植物中的大部分都可以在昆士兰热带雨林中找到，其中还包括古老的南极植物群。毫不夸张地说，整个雨林生态区几乎包含了陆地植物进化史上每个重要阶段的最佳"活化石"。

除了古老的生物，这里的"原始"还体现在整个雨林所散发的自由、天然的原生态气息。走进其中的丹特里国家公园（Daintree National Park），这里有世界上最古老的热带雨林，史前树种在这里生长，藤本、蕨类和附生植物在茂密的森林中随处可见，袋鼠如精灵般活跃，也有碧绿的蜥蜴偶尔出现……雨林里独特而多样的古老物种如同时间的使者，带领每一位到访者跨越时空，回到一亿多年前恐龙生活的侏罗纪。

昆士兰热带雨林之所以能保持罕见的原始状态，与其远离人类活动有很大的关系。在此生长的史前物种，对认识大洋洲乃至整个地球的生态演变历史都具有极高的参考价值。这样的环境是地球母亲为万物珍藏的稀有之地，是全人类应该共同爱护的无价宝藏。

设立于昆士兰热带雨林内的丹特里国家公园一直延伸到海边，雨林边缘与绝美的大堡礁相连

昆士兰热带雨林的特有物种——卢氏树袋鼠（*Dendrolagus lumholtzi*）。树袋鼠是生活在树上的哺乳动物。近年来，多种树袋鼠都因被猎杀或失去栖息地而成为濒危或易危物种

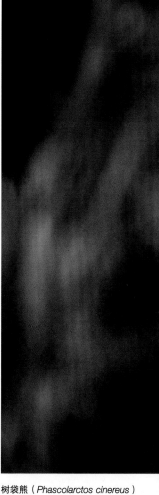

树袋熊（*Phascolarctos cinereus*）又叫无尾熊，是澳大利亚奇特而珍贵的原始树栖动物。它的英文名"Koala bear"来源于古代原住民的文字，意为"不喝水的熊"，因为树袋熊可以从桉树叶中摄取身体所需的大部分水分

正在进食的袋鼠

雨季时，雨林中的溪流水量增大，从垂直的崖壁跌落，形成壮观的瀑布

作为地球上最古老的雨林之一，这里最耀眼的光芒无疑来自其蓬勃的生命力

13

弗雷泽岛上的野狗正在进食

深绿色的森林与雪白的沙滩在这里
相拥相伴

澳大利亚-昆士兰州

Fraser Island
弗雷泽岛

　　大堡礁因面积极大的珊瑚礁而闻名世界，在其南部、昆士兰州布里斯班市以北的弗雷泽岛，则拥有绵延万米的绚丽沙滩。弗雷泽岛是世界上面积最大的沙积岛，整个岛完全由沙粒组成，总面积约1819平方千米，最高处海拔244米。这里不仅拥有总长度超过250千米的沙滩，更有长达40千米的彩色沙质崖壁。这些非凡的自然风光足以令人惊叹，数千年来吸引了大批移民来此居住，最早踏上这片土地的居民已经在沙滩上生活了5000余年。原住民把这里称为"K'gari"，意为"天堂"。

　　弗雷泽岛位于布里斯班以北约250千米的地方，从昆士兰州离小岛最近的码头到弗雷泽岛的最南端胡克角（Hook Point），乘机动驳船大约只需10分钟。

　　弗雷泽岛形成于数十万年前。当时，变化无常的海风和洋流把沙粒从遥远的南极洲和澳大利亚的东南部送到了这里的大陆架（即大陆沿岸土地在海面下向海洋延伸的部分），沙粒又呈锯齿形向陆地推进，沿着昆士兰州海岸形成一连串沙岛，从黄金海岸（Gold Coast）外的斯特拉德布鲁克岛（Stradbroke Island）的南岛到大堡礁以南的弗雷泽

不同种类的袋鼠分布于澳大利亚的多种环境中，其栖息地不仅有人们熟知的干燥沙漠和草原，还有湿润的弗雷泽岛

每年春夏季节，座头鲸（*Megaptera novaeangliae*）是这里的常客

弗雷泽岛是完全由沙粒构成的岛屿，这里的沙子松软细腻，随处可见堆积而成的沙丘

岛。弗雷泽岛是这些岛屿中最大的一个，这里原是火山低丘陵，沉积在此的沙粒经过长期累积，形成沙岛。弗雷泽岛是研究地质演变和生物演化的珍贵案例，对我们了解那些仍在演变过程中的复杂沿海沙丘地层，包括它们的沉积过程、沙粒移动、湖泊形成、生物适应情况及演变模式等方面，都有很大的参考价值，对气候、海洋变化及沿海沙丘地层的生态系统发展研究有重要的启示作用。

弗雷泽岛由沙子构成，似乎缺乏植物健康生长应有的养分，但这里的沙子中存在一种菌根真菌，可以为植物生长提供所需的营养。岛上有许多沙滩植物，如露兜树（*Pandanus tectorius*）。在远离水边的地方，可以找到贝壳杉（*Agathis dammara*）等树种。在沙丘之间的山谷中，有郁郁葱葱的雨林及大量的蕨类植物。野狗是弗雷泽岛的一种代表性本地野生动物，这些金黄色、胸腹有白毛的中型犬，外形像家犬，但千万不能接近及投喂。除此之外，岛上还生活着近50种哺乳动物、80种爬行动物及多种稀有的青蛙。岛屿周围的水域也是一些海洋动物的乐园，如海豚、儒艮、海龟和五颜六色的鱼类。

弗雷泽岛上有几百种鸟类，其中包括色彩极为艳丽的吸蜜鹦鹉，它们以花粉、花蜜、果实为食

岛上的雨林一角

虽然弗雷泽岛是海洋中的一座小岛，但岛上也有许多纯净的淡水湖，较著名的是心形的麦肯齐湖（Lake McKenzie）

弗雷泽岛的沙滩绵延数里，一望无际

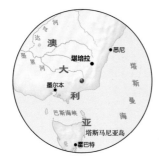

桉树是澳大利亚常见的常绿树种，
能适应本土的干旱环境

澳大利亚-维多利亚州及新南威尔士州

Australian Alps
澳大利亚山脉

　　很多人认为澳大利亚是一个没有山的国家，蓝天白云下干旱的沙漠与平原、绿油油的森林草原似乎已成为澳大利亚的生态形象特征。在全世界范围内，澳大利亚的平均海拔的确不算高，有38%的陆地海拔低于200米；世界最高峰珠穆朗玛峰的海拔是8848.86米，几乎是澳大利亚最高峰、海拔2228米的科西阿斯科山（Mount Kosciuszko）的4倍。科西阿斯科山所在的山脉虽然海拔不算高，却是澳大利亚境内唯一一条海拔2000米以上的山脉，拥有独特的山地景观。

　　这条山脉通常被称为澳大利亚山脉，它位于澳大利亚东南部，横跨维多利亚州东部、新南威尔士州东南部，总面积为12 330平方千米，是大分水岭的一部分。

　　澳大利亚山脉主要由两个生物地理分区组成，一是雪山（Snowy Mountains），位于新南威尔士州的布林达贝拉山脉（Brindabella Range），澳大利亚首都堪培拉也在此区域内；二是位于维多利亚州的一部分山脉，这片区域被称为"高地"（High Country），与雪山相比，拥有不同的人文景观。

　　从地质成因的角度看，澳大利亚山脉与北美洲

在澳大利亚山脉的高海拔区域，岩石在冬天被厚厚的冰雪覆盖，夏天又受到暴晒，这种季节性的气候差异，使此处的岩石常年在收缩和膨胀的状态之间转换，加上风力侵蚀，出现了大量裂缝甚至破碎

澳大利亚山脉是澳大利亚大陆上唯一一片每年都有降雪的生态区

冬天的科西阿斯科山有种沧桑之感

山上的森林、草地和湖泊是重要的鸟类保护区，很多鸟类在这里栖息繁衍

沿着山上的远足步道，徒步爱好者可以呼吸山上的新鲜空气，欣赏醉人的风景

的落基山脉、欧洲的阿尔卑斯山脉和亚洲的喜马拉雅山脉不同，它不是由两个大陆板块碰撞形成的，而是由一个面积较大的高原抬升形成的。在1.6亿~1.3亿年前，冈瓦纳古陆开始破裂，剧烈的岩浆运动使这片土地大幅度抬升，形成科西阿斯科山；约1亿年前，澳大利亚山脉的基本轮廓形成；约200万年前的冰期，当全球许多高山和极地被冰雪覆盖时，澳大利亚山脉的高海拔地区也形成了很多小冰川。尽管如今的科西阿斯科山上没有冰川，但俱乐部湖（Club Lake）、蓝湖（Blue Lake）、哈德利湖（Hadley Tarn）等冰川湖，都是过往冰川存在的强有力证据。

澳大利亚山脉上有茂密的森林。由于当地气候炎热且干燥，这里植被密度较高的地区经常发生火灾，森林几乎完全被烧毁，造成生态区的大灾难。不过，一次次的大火也改变了当地物种对环境的适应能力，某些本土植物甚至逐渐将森林大火作为一种繁殖手段，大火也成为这片大陆生态环境中极特殊的一部分。例如，大火可以帮助某些桉树打开种子荚，促进种子发芽。

与欧洲的阿尔卑斯山脉、新西兰的南阿尔卑斯山相比，澳大利亚山脉虽没有那么高大、陡峭，但为更多想一睹高山风貌的旅行者提供了机会。在这里观赏澳大利亚大陆之巅的地貌，是非常方便的。这里的澳大利亚山脉步道，穿过维多利亚州和新南威尔士州，途经堪培拉，是了解澳大利亚高山丛林生态的极佳路线。认为"澳大利亚没有山"的人，在走过澳大利亚山脉步道、见过科西阿斯科山的四季风光之后，可能就会改变认知了。

15

澳大利亚-西澳大利亚州

Wolfe Creek Crater
沃尔夫克里克陨石坑

　　陨石坑也被称为"撞击坑"，是陨石以极高的速度撞击地球、火星等行星表面而形成的近圆形的凹陷。由于猛烈的撞击也会导致陨石本身的爆炸和地面塌陷，坑的边缘通常会被抬高。与太阳系里的其他行星相比，地球上的陨石坑不算多，因为陨石撞击地球时，会与大气层产生摩擦，这是它进入地球的一道"门槛"；即便陨石能穿过大气层到达地面，所形成的陨石坑也会常年受到风雨侵蚀；此外，海洋及湖泊占了地球表面70%的面积，陨石也很有可能落入这些水体。存留至今的完整陨石坑是十分难得的，这里要介绍的是世界第二大陨石坑——沃尔夫克里克陨石坑。

　　陨石坑自形成之日起，就要接受地球上风雨的洗礼，很多陨石坑要么被沙土掩埋，要么在自然的侵蚀中失去了最初的模样。相比之下，经历了数十万年考验的沃尔夫克里克陨石坑完整度很高，它的直径达875米，深约60米，有清晰的坑口边。据估计，12万年前，一个直径15米、重1.7万吨的陨石撞击了这里的地面。陨石坑边还有一些铁陨石碎片，是由氧化铁构成的"页岩球"。这些石头有大有小，有些重达250千克，它们见证了外层空间物

沃尔夫克里克陨石坑

漫步于陨石坑附近，人们可能会在周边破碎的岩石中发现种类、大小不一的蜥蜴

米切氏凤头鹦鹉喜欢干燥、有树的开阔环境

鸟瞰沃尔夫克里克陨石坑

质古老的星际旅程。

目前，地球上共存有128个陨石坑，多坐落于难以到达的偏远地区，相比之下，位于澳大利亚西北部的沃尔夫克里克陨石坑更容易到达。每年4月到10月是澳大利亚的旱季，此时从霍尔斯克里克（Halls Creek）驾车出发，两个多小时便可到达沃尔夫克里克陨石坑国家公园（Wolfe Creek Crater National Park），沿途还可观赏澳大利亚内陆地区的典型地貌及生态环境。陨石坑位于国家公园的中心，有多条步道通向坑口。但因中心部分的石坡较陡，岩石松散，出于安全考虑，公园严禁游人进入坑底。

漫步于陨石坑附近，人们可能会留意到周边破碎岩石中种类、大小不一的蜥蜴，聒噪的米切氏凤头鹦鹉（Cacatua leadbeateri）也常在陨石坑附近的树上休息。

关于陨石坑的形成，在当地原住民中有一个流传颇广的传说：炙热的陨石从天上坠落，引发了巨大的爆炸和强光，看到这种情形，居民们很害怕，过了好长一段时间才冒险前往坑口，发现是闪耀的夜星掉落至此。原住民贾鲁人（Djaru）将坑口命名为"坎迪马拉尔"（Kandimalal），并将这个故事呈现在他们的绘画及艺术品中。

16

澳大利亚-南澳大利亚州及西澳大利亚州

Great Victoria Desert
维多利亚大沙漠

除了年降水量只有55毫米的南极洲，澳大利亚是地球上最干旱的大陆。在澳大利亚，70%的地区是年降水量少于500毫米的干旱或半干旱地区；年降水量少于250毫米的沙漠面积有137.1万平方千米，占澳大利亚大陆的18%。在干旱的澳大利亚土地上，荒芜的沙漠并不算稀有景观，但仍有一片沙漠如同黄色的宝石一般，在这片大陆上闪闪发光，这就是澳大利亚面积最大的沙漠——有"沙漠花园"美誉的维多利亚大沙漠。

从西澳大利亚州的东戈尔德菲尔德（Eastern Goldfields）到南澳大利亚州的高勒岭（Gawler Ranges），维多利亚大沙漠从西至东绵延700多千米，总面积34.9万平方千米。如此大的沙漠、如此多的沙是从何而来的呢？地质调查结果显示，维多利亚大沙漠的沙可分为东、西两向来源。沙漠西部的沙多是25亿年前形成的伊尔加恩克拉通（Yilgarn Craton，古陆核）的花岗岩和阿卡林加盆地（Arckaringa Basin）的沉积岩，只有较少一部分沙粒是由大风从其他地区带来的。沙漠东部的形成比西部晚至少20亿年，多是阿德莱德系（Adelaidean System，前寒武纪的沉积岩系）的沉积物，河水将这些沉积物从南极

眼斑巨蜥（*Varanus giganteus*）是大沙漠里的捕食者，它们的体长可达2米

即使干旱炎热，维多利亚大沙漠仍有高低错落的植被（下图），是不少动物的栖息地。左图为某种袋鼩

维多利亚大沙漠的白脸刺莺（*Aphelocephala leucopsis*）是大洋洲的特有物种

眼斑营冢鸟（*Leipoa ocellata*）天生就会用树叶、杂草修建巢穴，再堆上一层土，待巢内杂草腐烂，温度升高，就把卵产在里面，借自然热力完成孵化，故名"营冢鸟"

洲带过来，形成沙漠。这也说明东部沙漠的形成应该不晚于大约3900万年前（澳大利亚大陆与南极洲在约3900万年前分离）。

　　沙漠中炎热、干旱的环境，对很多动植物来说都是相当恶劣的。维多利亚大沙漠夏季正午的温度为32~40℃，年降水量仅有200~250毫米，而且通常只有发生雷暴（每年15~20次）时才有降水。所幸在沙脊之间，还有繁茂的树林和草原，堪称沙漠中的花园，这里的乔木主要是顽强耐热的桉树。沙漠中的大中型野生动物不多，但小型动物种类却不少，其中不乏一些具有极高价值的保护动物，如砂巨蜥（*Varanus gouldii*）。夜间会有一些小型有袋动物穿梭于沙漠的草丛间，包括濒临灭绝的沙漠袋貂（*Sminthopsis psammophila*）和脊尾袋鼬（*Dasycercus cristicauda*）。在这里，野狗算是体形相对大些的"居民"，它们通常也在夜间出没，以一些小型有袋动物和爬行动物为食。

　　虽然维多利亚大沙漠地区看起来极不适宜人类居住，但原住民已在这里生活了上万年，部分族群至少可以追溯600代。直至1875年，欧洲人才首次踏足这里。20世纪50年代和60年代初期，英国人曾在这里的马拉灵加（Maralinga）和鸸鹋荒野（Emu Field）进行过核实验，污染了部分土地。如今，生活在大沙漠地区的原住民来自不同的族群，当地政府实施了可持续发展计划，以保护和发展原住民的文化。这片广阔干旱的沙漠不仅没有被人们抛弃，原住民的人口也一直在增加，为这片土地注入了新的活力。

树林里的乔木主要是顽强耐热的桉树

17

卡内基湖
维多利亚沙漠
纳拉伯平原
澳大利亚
珀斯
埃斯佩兰斯
米德尔岛
大澳大利亚湾
印
度
洋

澳大利亚-西澳大利亚州

Lake Hillier
希利尔湖

在地图上，江、河、湖、海等水体通常用蓝色表示，但位于西澳大利亚州的希利尔湖偏偏与众不同，它喜欢给自己涂上浪漫的粉红色，创造出大自然的又一奇景。

希利尔湖位于西澳大利亚州南部米德尔岛附近，距海港城市埃斯佩兰斯约130千米。1802年，航海家马修·弗林德斯发现了独特的希利尔湖，为其美丽而倾倒。它被公认为澳大利亚色调最鲜艳的湖，直至今日也没有褪色或变色。

希利尔湖的湖面不算大，但很精致。湖面长600米，宽250米，粉红色的湖外围是一圈细腻的白色沙滩，沙滩外围是一片茂密的、绿油油的桉树林，其中散布着典型的澳大利亚本土植物、开淡黄色小花的澳洲金合欢（*Acacia mearnsii*，中文正名黑荆），树林外部是蔚蓝的印度洋。

目前全球有多处粉红色的湖泊，如加拿大、西班牙、塞内加尔、阿塞拜疆等国都有分布，但这些湖泊的颜色并不完全相同。与其他粉红湖相比，澳大利亚的希利尔湖看起来格外透亮，颜色极为明显，即使将少量湖水倒入玻璃杯，仍然呈现出粉红色。世界各地的粉红湖大多含盐量很高，因为只有

希利尔湖的粉红色很浓郁，如同造物主不小心打翻了粉色的颜料瓶

沙滩外围是一片树林，也是多种动物的家园

西部灰袋鼠

含盐量高，在高温和充足的日照下，湖内的藻类才能聚集红色的β-胡萝卜素，使湖泊呈现粉红色。

希利尔湖的水体含盐量也极高，几乎与中东地区的死海不相上下。高盐的环境使得鱼类及其他水中动植物难以生存，只有一些嗜盐的微生物可以存活，例如为湖水呈现粉红色做出主要贡献的杜氏盐藻（*Dunaliella salina*）。杜氏盐藻可以在氯化钠浓度30%以上的极高盐环境下以细胞分裂这种无性繁殖方式繁衍。

由于湖水含盐量高，20世纪初期，希利尔湖水曾被用于提取食盐，后来因多种原因被叫停了。除了可生产食盐，湖水中的杜氏盐藻含有丰富的油脂和β-胡萝卜素，也可用于提炼、生产补充β-胡萝卜素类的保健品和藻粉等产品。

从空中看，希利尔湖就像碧海中的一颗明亮娇艳的粉红色宝石；从陆地看，希利尔湖及其周边地区充满了生命的活力。希利尔湖为多种动植物提供了优良的生境，其中就包括企鹅家族中体形最小的成员——小蓝企鹅（*Eudytula minor*）。小蓝企鹅是澳大利亚唯一一种在陆上筑巢的企鹅，也是唯一一种拥有蓝色羽毛的企鹅。哺乳动物中较为常见的是几种灰袋鼠，外貌较为突出的是鼻子和手臂明显短小的西部灰袋鼠（*Macropus fuliginosus*）。

希利尔湖外围有沙滩、密林、海洋，可谓众星捧月。若从高空鸟瞰希利尔湖，它就如同一位戴着珍珠项链的少女，穿着深绿色的上衣，下搭海蓝色的长裙，娴静而温柔

可爱的小蓝企鹅作息很规律，"日出而作，日落而息"，一般集体出行，黎明时离开巢穴去捉鱼，黄昏时返回岸边的丛林里休息

18

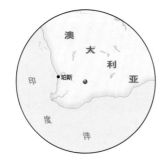

澳大利亚-西澳大利亚州

Wave Rock
波浪岩

　　大自然是一位总能给人类带来惊喜的艺术家，她时而像一位画家，在山坡上画出绚烂的花海，时而像一位雕塑家，雕刻出一处处独一无二的险峻奇石。在西澳大利亚州海登镇（Hyden）以东的海登自然保护区（Hyden Wildlife Park）中，就有许多极为古老、形态各异的奇石，名为海登岩（Hyden Rock）。其中一段岩石形状极似翻涌的巨浪，在干燥的土地上掀起惊涛，这就是西澳大利亚州的地标性景观之一——波浪岩。

　　波浪岩大约长110米，高15米，由伊尔加恩克拉通的花岗岩组成。这里的岩石都很古老，最早的可追溯到26亿年前。而海登岩一带的穹形花岗岩是2亿年前地层深处的炽热岩浆冷却凝固后形成的。至1亿多年前，覆盖于花岗岩表面的岩土开始风化，约5300万年前，澳大利亚大陆和南极洲开始分离，加快了花岗岩的风化及侵蚀，逐渐暴露了这些花岗基岩穹顶，形成了目前所见的海登岩。地下水流至海登岩底部，基岩在持续的风化和侵蚀作用下形成凹陷；地下水再向上或向内深度侵蚀，就形成了像波浪岩这样的巨浪形斜坡，也叫喇叭形斜坡。类似的山坡在澳大利亚西南部和南部的花岗岩地貌中

波浪岩犹如被时间凝固的巨浪。

波浪岩顶部是蓄水区，雨水流至边
缘的引水槽内再流入储水库，用于
附近农田的灌溉和牲畜的饮用

最为典型，属世界罕见。

波浪岩与人类生活的关系十分紧密。波浪岩顶有一条蓄水坝，建于1928年，用于收集雨水，供早期移民灌溉麦田。波浪岩对原住民巴拉德洞人具有重要的文化意义。他们认为，波浪岩是彩虹蛇变的——它吸掉了土地上所有的水后，身体肿胀，在土地上休息时变成了岩石。这些代代相传的故事，反映了原住民对大自然的敬畏。

每年都有很多摄影师从世界各地慕名而来，只为一睹波浪岩的壮观。最美的是傍晚时，夕阳中的岩石会变为深红色，别有一番韵味。自2006年以来，每年9月的初春时节，当地都会在波浪岩附近举办三天三夜的周末音乐聚会，包括露营、远足、音乐、舞蹈、电影欣赏、美食品尝等多种活动，为这片土地增添了生机和活力。

如果时间合适，开车去往波浪岩的路上可以观赏到西澳大利亚州著名的花海。花季始于6月，花海从西澳大利亚州北部开始，绵延整个南部，11月逐渐凋零。海登的野花期则从8月下旬开始，在9月达到顶峰，野花开满周围山谷，非常壮丽。

鲜花盛放时节，平原和山谷会被上万种野花铺满，其中半数以上都是当地特有种（左图和右图）

19

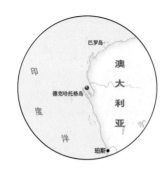

雪白的贝壳滩

澳大利亚-西澳大利亚州

Shark Bay
沙克湾

　　蓝天白云之下，绵延千里的无人沙滩、吞吐着小气泡的礁石群、清澈湛蓝的海水……相信这样的地方是每位自然生态爱好者梦想中的纯净天地，位于西澳大利亚州的著名海湾沙克湾（也译作"鲨鱼湾"），就是很多人心目中的一处"一生必到之地"。沙克湾位于珀斯市以北约850千米，虽略显偏远，但不影响其美名在外。

　　1991年，沙克湾被联合国教科文组织列入《世界自然遗产名录》，成为西澳大利亚州内第一个世界自然遗产保护地。保护地总面积2.2万平方千米（其中70%为海域面积），景色优美，有着极为独特而有重要价值的生态环境，生活着5种澳大利亚濒危哺乳动物、230多种鸟类、近150种两栖动物和爬行动物。沙克湾之所以能够吸引众多野生动物在此繁衍生息，离不开一个重要生态因素——这里是全球最大的天然海草场。这里已发现的海草有12种，覆盖面积超过4000平方千米，可为区域内约1万只儒艮（*Dugong dugon*）提供食物。几千年来，由于人类的捕杀行为，加上原栖息地的海草被严重破坏，喜欢良好水质和食用水生植物的儒艮陷入了濒危境地。好在沙克湾丰富的海草为儒艮等数百种动物提

俯瞰沙克湾，大量的绿色海草在海水中极为清晰

绵延60多千米的雪白贝壳滩，吸引了众多旅行者来到沙克湾

成群的海豚在沙克湾中遨游

在白天日照充足的时候，叠层石中不断有气泡喷出，像桑拿室的泡泡池，这是因为石头上的蓝绿藻在进行光合作用。沙克湾的叠层石因此被称为"会呼吸的岩石"

儒艮是濒危物种，体重可达500千克，它们视沙克湾为安逸家园，因为沙克湾拥有全球最大的天然海草场，能为它们提供长期且稳定的食物来源

供了稳定的食物来源和栖身之所。目前，此处儒艮的数量约占全球总量的12.5%。

沙克湾气候炎热干燥，年蒸发量大大超过了年降水量，因此浅水海湾中的海水含盐量非常高，加上海草限制了潮水的通过，阻挡了潮水冲淡高含盐量的海水，沙克湾的海水含盐量比海湾外的海水高1.5~2倍。在高盐环境下，沙克湾一带，特别是南部的哈梅林浦海洋自然保护区（Hamelin Pool Marine Nature Reserve）的哈梅林浦中，大量蓝绿藻（Cyanobacteria）得到了稳定繁殖的机会。经年累月，蓝绿藻又与海水中的钙、镁碳酸盐及其碎屑黏结、沉淀，形成叠层石结构，它们有着复杂的色层构造，如纹层状、球状、半球状、柱状、锥状及枝状等。这些藻类形成的叠层石结构，是地球早期有生命迹象的体现，在西澳大利亚州发现的叠层石可以追溯到35亿年前，这被认为是世界罕见的时间最长的生物谱系。据估计，沙克湾的叠层石已至少生长了1000年，且还在不断扩大。在浅水水域，可以看到在各处不规则分布的一块块类似礁石的灰黑色叠层石。

距离哈梅林浦叠层石不远，有一处同样难得一见的景观——贝壳滩。这片美如仙境的雪白海滩，全部由小贝壳组成，宽达10米，绵延60多千米。这里没有沙，只有贝壳，所以叫贝壳滩，是地球上为数不多的、贝壳能完全取代沙的地方。沙克湾与贝壳滩都是名副其实的浪漫天堂。

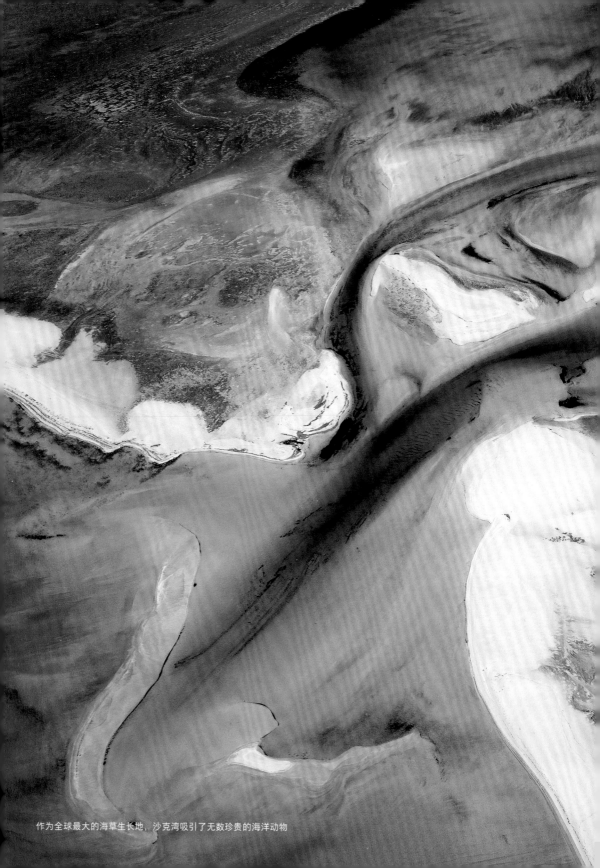

作为全球最大的海草生长地，沙克湾吸引了无数珍贵的海洋动物

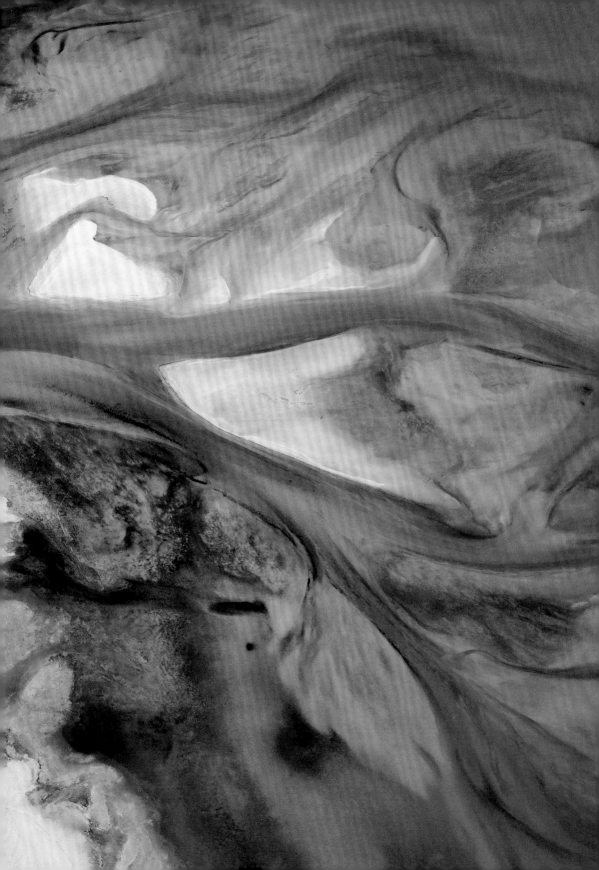

20

澳大利亚-西澳大利亚州

The Pinnacles
尖峰石阵

　　西澳大利亚州拥有沙漠、盐湖等多种干旱的地貌。州首府珀斯以北约200千米，塞万提斯镇附近的南邦国家公园（Nambung National Park）内，许多尖尖的岩石让这座公园名声大噪，这就是西澳大利亚州最重要的自然奇景之一——尖峰石阵。尖峰石阵所在地区于1967年被列为保护区，2008年开始向公众开放。保护区内有数以千计的大小、高度不一的尖形石座及石柱，远看形似尖刀，从地底向上穿过沙层。每根石柱高1~5米，石柱间距0.5~5米。这里最特别、最壮丽的景观莫过于清晨或黄昏等阳光较暗的时候，这些石柱就像沙场上排列整齐的千军万马，蓄势待发。

　　这些岩石尖峰属石灰岩，形成于3万~2万年前。海水后退留下大量贝壳，贝壳又溶结形成石灰岩，石灰岩内的裂缝及凹陷成为溶蚀管道，被风化后扩大，逐渐被石灰岩沙粒、树枝等胶结物填充。这些胶结物硬化后，比四周未受胶结的沙粒更能抵抗风雨侵蚀。当四周松散的沙粒沉积物因风化作用被吹走后，早前藏在沙漠下、已胶结硬化的一个个溶蚀管就暴露出来，经过常年风吹雨蚀，其顶部逐渐变尖，最终形成现在我们所看到的尖峰石阵。

西部灰袋鼠是尖峰石阵的常客

夕阳里的尖峰石阵。在清晨、黄昏等日光较暗的时刻,这些石柱仿佛更加鲜活,就像沙场上排列整齐的千军万马,蓄势待发

游客往往很难想到这片沙漠里还生长着大片的植被

鸸鹋是澳洲的本土鸟类，能适应沙漠荒原的环境

在尖峰石阵景区内，除了独特的石阵景观，丰富的野生生物种类也使这里充满生机。从早上到太阳下山前，一群群本地特有野生动物陆续进入游人的视野。有出门觅食的西部灰袋鼠家庭，也有偷偷加入觅食队伍、在沙漠周边寻找青草的鸸鹋。澳洲金合欢等色彩明艳的植物也为沙漠和草甸增加了一抹亮色。

尖峰石阵及其周边地区还被当地原住民赋予了丰富的文化意义。南邦国家公园中的"南邦"意为"弯曲"，指"弯曲的河流"。每当雨季来临，河流会流入公园内的洞穴系统，为当地提供生活用水。关于尖峰石阵也有很多神话故事。当地居民视地下的大石层为"鬼魂遗骸的化石"。据说这些都是年轻男性的遗骸，他们经常在神圣的、只为女性保留的沙漠中游荡，诸神为了惩罚这些人，将他们埋葬于沙漠之下，并留下屹立的石灰岩柱作为警示。不管传说如何，尖峰石阵都是原住民心中不可撼动的文化象征。如今，这里依旧是当地妇女的重要集会地，每年，妇女团体会在沙漠中聚集扎营，举行传统仪式。

石柱之间生长着一些植被

黄昏是尖峰石阵的高光时刻

21

蜂巢状的圆锥是远古砂岩岩层被雨水沿垂直裂纹长期侵蚀的结果，由于岩层的一部分透水，加速了蓝绿藻的生长，使得岩石变色，形成了黑色的腰线

澳大利亚-西澳大利亚州

Purnululu National Park
普尔努卢卢国家公园

　　普尔努卢卢国家公园位于西澳大利亚州北部的金伯利（Kimberley）地区，占地面积约2400平方千米，于2003年被列入《世界自然遗产名录》。公园内的代表景观是由4亿年前（泥盆纪）的石英砂岩组成的邦格尔邦格尔山脉（Bungle Bungle Range）。

　　在过去的2000万年中，自然的力量造就了邦格尔邦格尔山脉独特的圆锥形地貌。这些蜂巢状的圆锥，最高的有250米，季节性的瀑布和水流在上面切割出了陡峭的悬崖。这些岩石的颜色每个季节甚至每天都可能发生变化，比如在雨后的阳光照射下，岩石会从咖啡色变成金黄色。被雨水切割的圆锥，就像错综复杂的迷宫。

　　漫步于普尔努卢卢国家公园曲折、狭窄的峡谷内，四周壁立如削，可以随时看到碧绿的扇形棕榈林，仿佛到了侏罗纪时代的恐龙栖息地。由于公园位于热带草原和沙漠地带之间的过渡区域，这里生长的大都是能适应北部热带草原气候和内陆干旱沙漠气候的植被。从峡谷中的森林到河岸地区和干燥地区的开阔林地，再到干旱高地及其周围平原的灌木丛，这里植物种类丰富，其中有13种史前植

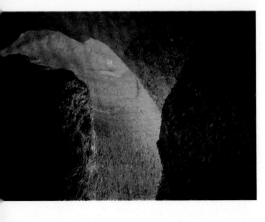

数亿年前，普尔努卢卢的沉积地层在红色盆地中形成了砂岩层和砾岩层，后来又在不同时期接连经历了地壳活动、风化侵蚀，最终形成目前所见的圆顶砂岩及砾岩丘陵

邦格尔邦格尔山脉的独特地形使普尔努卢卢公园名声大噪，干燥的黄色大地、黑褐色的砂岩、形状奇特的蜂巢岩石……亿万年间的地质变化以各种形态遗留在了山脉的躯体上

公园内有一些原住民的生活痕迹。
"邦格尔邦格尔"这一名称也来源
于他们的语言，对其含义有蜂蜜
罐、草堆等多种猜想

物。国家公园内的动物种类也很多，其中脊椎动物有298种。

　　原住民在这里居住了至少4万年，公园内有200多处岩石艺术和墓葬遗址。过去，大部分族群以狩猎为生，通常在雨季从沙漠迁移到高地，之后再迁移到低地及山麓。不过在1885年，南部的霍尔斯克里克镇的淘金热吸引了大量外来矿工，加上疾病肆虐和当地水源被破坏，原住民人口大减。直至20世纪70年代，这些活动停止后，原住民的族群生活方式才得以延续。

砂岩洞内的原住民壁画

远看岩石美丽壮观，走进岩洞里也别有洞天

公园内的植被算不上密集，但种类不少

22

澳大利亚-塔斯马尼亚州

Cradle Mountain
克雷德尔山

　　塔斯马尼亚州是澳大利亚唯一一个岛州，连绵的丘陵、幽深的峡谷、耸立的火山是这里的特色景观，而这里的标志性景观则是位于中央高地的克雷德尔山。

　　克雷德尔山也译作"摇篮山"，海拔1545米，与附近的圣克莱尔湖（Lake St Clair）共同组成了克雷德尔山-圣克莱尔湖国家公园。该公园位于州首府霍巴特市（Hobart）西北165千米处，于1982年作为塔斯马尼亚荒野（Tasmanian Wilderness）的一部分，被联合国教科文组织列入《世界自然遗产名录》。

　　数百万年来，克雷德尔山所经历的地质活动（包括火山爆发、地震、山脉隆起、熔岩流等）都在如今的一个个独特的山地景观上有所体现。克雷德尔山主要由火山作用形成的辉绿岩组成，四周的山脊和丘陵是由巨石、岩石和砾石在冰川融化后留在地面上形成的。这里最明显的"摇篮"形状要归因于冰川作用。在过去的200万年里，这里经历过三次冰期，在1万年前的最后一次冰期，强烈的冰川作用改变了克雷德尔山一带的地形，形成了一个直径为6000米的巨大冰盖。冰盖形成的冰川从山的边缘向下运动，强大的侵蚀力将山地削出了一个窄脊，

克雷德尔山与附近的圣克莱尔湖共
同组成了克雷德尔山-圣克莱尔湖国
家公园

山体两边隆起相似的高度，中间凹
陷，远看犹如一个婴儿的摇篮

远看山形就像一只摇篮，因此得名"cradle"。

在克雷德尔山附近，地理上长期的"冰火交融"不仅造就了高山峡谷，还为整个中央高地留下了4000多个湖泊，如达夫湖（Dove Lake）、威尔克斯湖（Lake Wilks）、火山口湖（Crater Lake）等。此处最著名的圣克莱尔湖也曾是山谷，后因冰川的刨蚀而加深，成为冰川堰塞湖，如今是澳大利亚最深的天然淡水湖。

塔斯马尼亚州有"天然之州"的美誉，坐落于此的克雷德尔山风景秀丽。从郁郁葱葱的古老雨林、深切峡谷到白雪覆盖的雄伟高山和冰川湖，一年四季，这里的景色都令人叹为观止。众所周知，澳大利亚是"有袋动物的王国"，而克雷德尔山则是世界上最大的食肉有袋动物栖息地，生活着袋獾（Sarcophilus harrisii，也被称为"塔斯马尼亚恶魔"）等动物。这里还保留了冈瓦纳古陆遗留下来的古鱼类、水生昆虫等物种，也包括其他无脊椎动物。

目前，塔斯马尼亚州人口很少，但据考证，在3万年前已有人在这里居住。这些原住民以狩猎为生，在克雷德尔山-圣克莱尔湖一带曾十分活跃，遗留有不少石制生活用具。1803年，随着欧洲人到达塔斯马尼亚岛，原住民遭到迫害，加上部落冲突及传染病等因素，1876年，原住民完全消失。

从湖泊、雨林到高地，多种冈瓦纳古陆时期的孑遗物种共同为克雷德尔山点亮了生命之光

红颈小袋鼠（*Macropus rufogriseus*）体形中等，它们的特点是两肩之间有棕红色的毛

蜜袋鼯（*Petaurus breviceps*）喜欢吃甜食，会舔食树蜜。它们最大的特点是身体两侧的翼膜，这能帮它们像蝙蝠一样在树林间滑翔

针鼹科（Tachyglossidae）包含4种针鼹，多分布于澳大利亚。它们与鸭嘴兽同为单孔目哺乳动物，是一种原始、低等的哺乳动物

鸭嘴兽（Ornithorhynchus anatinus）是极为珍贵的古老哺乳动物，母体虽然也会分泌乳汁来哺育幼体，但不是胎生，而是像爬行动物一样产卵。鸭嘴兽在学术上有重要的研究意义，且只在澳大利亚有分布，其种群数量曾因人类捕杀而迅速减少

袋熊体格粗壮，尾极短，看起来略像体形较小的熊，在克雷德尔山生活的应为塔斯马尼亚袋熊（Vombatus ursinus）

雪山、草地、绵羊是多数人对新西兰的第一印象

New Zealand
新 西 兰

在南太平洋地区，新西兰是面积仅次于澳大利亚的第二大国家。它主要由南、北两个岛屿组成，陆地面积约26.6万平方千米，首都为惠灵顿，人口最多的城市为奥克兰。这里气候温和，风景多样，有着"花园之国"的美誉。

1642年到1644年间，荷兰航海家阿贝尔·塔斯曼在南太平洋登上了这片迷人的岛屿。当时，荷兰人把这里称为"Nieuw Zeeland"，以此与荷兰本土的Zeeland地区相呼应。到了18世纪下半叶，曾被称为"海上马车夫"的荷兰逐渐衰落，英国迅速崛起。1769年，英国航海家詹姆斯·库克登陆新西兰。1840年，英国人与这里的原住民毛利人签订了《怀唐伊条约》（Treaty of Waitangi），在当地建立了英国的法律制度，还把Nieuw Zeeland的拼写方式改为New Zealand，这个名称沿用至今。

英国人大批移民新西兰后，这片原始的土地发生了巨大变化，土地被开垦成牧场和果园，一座座城市拔地而起。好在新西兰偏居南太平洋一隅，人口增长缓慢，加上政府对重工业有限制，自然环境保护得相对较好。当地居民也竭力保护这里的生态环境，国土总面积的30%被列为生态保护区，国家公园有14处。

在新西兰，火山地热、褶皱山系、冰川峡谷等自然风光吸引了无数探险家。可以说，新西兰的地理景观，浓缩了亿万年间地球板块构造运动的历史。因新西兰的南北二岛正好处在印度-澳大利亚板块（Indo-Australian Plate）和太平洋板块（Pacific Plate）的交界地带，经常发生地壳运动，地震和火山喷发频繁，所以新西兰的地热与火山资源极为丰富。被热泉覆盖的罗托鲁阿、有着毛利传说的库克山、风景宜人的群岛海湾……热泉、火山、雪山、海岛汇聚在这里，板块运动所造就的地质奇观在这里几乎都可以看到，这片神奇的土地，仿佛在诉说着引人入胜的地球故事。

23

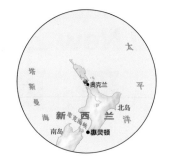

新西兰-北岛

Auckland
奥克兰

奥克兰是新西兰最大的城市，它曾经是新西兰的首都，但据说因为距离南岛太远，不得不将首都的位置让给了更靠近南岛的惠灵顿。作为全世界拥有帆船数量最多的城市，奥克兰有"帆船之都"的美誉，实际上，这样一座"浪花上的城市"，还是窥探新西兰北岛典型火山风貌的重要窗口。

新西兰的南北二岛位于印度-澳大利亚板块与太平洋板块的交界处，太平洋板块以每年40多毫米的速度向北岛的方向俯冲，形成板块俯冲消亡带。板块之间的碰撞导致压力、温度升高，造成北岛频繁的地震活动和火山爆发，而奥克兰则可以作为北岛火山地貌的典型代表。

奥克兰是一座名副其实的"火山上的城市"。从地形上看，奥克兰多低矮丘陵，稍有突起的地方基本都是火山口。据调查，奥克兰的火山群共包含50余座火山，这些火山在过去20万年里都曾喷发过，把奥克兰形容为"遍地火山"也毫不过分。

在奥克兰的众多火山中，景色首屈一指的是伊登山（Mount Eden）。伊登山具有典型的火山口形态，高196米，是最靠近市中心的火山，山顶是俯瞰奥克兰整个城市的最佳地点。站在山上向四周眺望，目光所及，

许多漂亮的海滨小镇如同卫星一样
环绕着奥克兰市

摩天塔的尖顶为奥克兰的天际线添
上了俏丽的一笔

"帆船之都"奥克兰

独树山

朗伊托托岛

只要是高地山丘，都是死火山或者休眠火山。其中，朗伊托托岛（Rangitoto Island）和独树山（One Tree Hill）最为醒目。

朗伊托托岛是奥克兰市最为典型的一座火山岛屿，它的对称型盾状火山锥醒目地矗立在奥克兰港口北边，这是600年前在一次海底火山喷发中形成的。这座火山位于海中，火山口高达260米，面积约23平方千米。它屹立在城市港口对面，形成令人难忘的火山海岛景观，是奥克兰市一张亮丽的名片。

看过朗伊托托的火山海岛风光，再转身向南，就能望见183米高的翠绿的独树山。独树山的名字来源于毛利人抗击欧洲殖民者的故事。据说，毛利人曾在此聚居，山顶本来也有很多树，但他们痛恨欧洲人侵占了他们的土地，为了发泄满腔愤怒，便常在夜晚偷偷砍伐山顶上的树木。日积月累，山上的树被砍得只剩下一棵大松树，可能是因为它长在山顶，高大粗壮，才幸免于难。不过，最后这棵大松树还是没能逃脱被砍掉的命运，独树山变成了"无树山"，留下了一段民族斗争的历史。

虽然山顶上的大树都被砍掉了，但山坡和山下仍保留着大片绿茵茵的森林和草地。独树山和周围的绿地被规划为康沃尔公园（Cornwall Park）。公园内很多树木有150多年的历史，树下偶有牛羊经过。

伊登山具有典型的火山口形态，是最靠近奥克兰市中心的高地

奥克兰周边的海湾小镇风光旖旎，即使距离市中心的工作地点并不近，还是吸引了很多人在此定居

这里虽然地处城市之中，却完全没有城市的喧嚣嘈杂，反而像乡村一样静谧。

尽管奥克兰火山遍布，但近些年，涌向奥克兰的移民数量却有增无减。在经济学人智库的评选中，奥克兰连续多年被评为"全球最宜居城市"之一。

当然，这并不是因为人们不在乎火山的潜在威胁，而是因为这里火山的喷发频率实在很低。调查显示，在过去的近20万年里，奥克兰一带的火山总共爆发过55次，平均3500年爆发一次，最近的一次火山爆发是在600多年前。

在这里，火山也不只是威胁，当地人充分利用了地形的起伏，修建了外形多变的建筑，形成了独一无二的城市风格。火山的喷发，也为人们带来很多资源。火山岩风化形成的肥沃土壤，有利于培育各种富有特色的植物，还可以养殖牛羊。

火山喷发时，大量岩浆从火山口涌出，沿着火山口的斜坡向低处流散，覆盖了现在奥克兰市近一半的面积。目前，当地最实用且易于开采的建筑材料，也是奥克兰最常见的一种火山岩，是灰黑色或暗红色的玄武岩。人们用它修筑道路、围墙和房屋地基，充分发挥了奥克兰作为"火山之城"的价值。

奥克兰这座世界上火山最密集的城市，不但没有让人们退避，反而给了人们不一样的生活体验。在火山的庇护下，人们真正做到了与自然互利共生、和谐相处。

独树山和周围的绿地现被规划为康沃尔公园，园内很多树木已有百余年的历史

24

新西兰-北岛

Rotorua
罗托鲁阿

　　罗托鲁阿是新西兰北岛中北部的一座城市，位于罗托鲁阿湖南畔，距奥克兰市221千米。这里是毛利人聚居的地区，也是新西兰最著名的旅游胜地之一，因密集的天然热泉而负有盛名。

　　"罗托鲁阿"是毛利语，意为"双湖"。实际上，罗托鲁阿拥有更多的湖泊。在城市东部和东北部有十几个较小的湖泊，这些湖泊都是因为火山喷发，地底的岩浆房空虚导致地面坍塌而形成的凹地积水，在地质学上被称为"破火山口湖"。

　　除了本名，罗托鲁阿还有一个更为耀眼、让旅行者兴奋不已的头衔——"火山上的城市"。整个城市及周边遍布热泉，毫不夸张地说，人们在家门后挖一个坑，都可能涌出热水。罗托鲁阿地区的地理生态特征，包括山体、水体和地热点的分布，都受到板块碰撞和火山活动的影响。在罗托鲁阿的某些地方，地底的岩浆活动已经非常接近地表，成为巨大的热源。地表水沿着岩石的裂隙渗入地下后，就会被加热，甚至变成气体，与热水一起喷出地表，形成我们所看到的神奇景观——沸泥池和热喷泉。

　　地热活动曾在这里形成了珍贵的硅质泉华阶

大量的地下热水从泉口涌出地面，形成热气腾腾的小溪、小河

罗托鲁阿热泉资源丰富，空气中常弥漫着硫黄的气味，森林中会升起神秘的蒸汽

滚烫的沸泥地像煮熟的粥一样翻滚冒泡

在罗托鲁阿，沸泥池十分密集，这在全世界都很少见

新西兰是世界上仅有的七个拥有活跃间歇泉的国家之一。罗托鲁阿当地温泉公园内的间歇泉也是很多游客的必看之处

有些喷口会有规律地喷出热水和热气，喷发力量强大，常常形成近百米高的水柱，场面壮观

地。这是地底热泉喷出地表后，泉水中所含的硅质在地表常温下从水中析出沉淀而形成的一连串梯田状水池（其他有温泉发育的地区，可能会形成钙质泉华阶地），泉口蒸汽缭绕，如同仙境。可惜的是，这一仙境般的地质景观，在1886年6月10日的一次火山爆发中被彻底破坏了。

多样化的地质构造活动造就了这里独特的生态系统，孕育了许多能适应特殊环境的特有物种。这里有生活在高温、高酸度水体中的微生物群落，有能适应酸性水域的水蛭。

罗托鲁阿因拥有全世界罕见的地热景观而吸引了大批游客。根据这里多样化的自然地理条件，当

当地的地热喷泉并不影响鸟类的栖息

地的旅游公司首创了草地滑板车（Luge）、悠波球（Zorb ball）、高空单轨脚踏车（Schweeb）等多种游乐项目。罗托鲁阿几乎成为新西兰人发明创新旅游活动的起源地。

　　除了是喧嚣的热泉旅游城市，罗托鲁阿也有安静惬意的一面。整个城市完全被森林环绕，大片的绿色能让因地热活动而形成的热闹旅游气氛沉静下来。与城市紧邻的罗托鲁阿湖碧波荡漾，人们既可在湖中泛舟，也可在岸边垂钓。

罗托鲁阿不仅是一座宜居城市，也是老少咸宜的旅游目的地，有刺激的高空滑索，也有静谧的步行小径，空中缆车是这里热门的登山观光项目之一

这是一种当地常见的芳香植物，是蜜蜂喜爱的蜜源之一

悠波球是年轻人的最爱。他们坐在安全柔软的球内，沿小山上的固定轨道滑下，剧烈的翻滚给他们带来别样的刺激和兴奋

新西兰-北岛

Waitomo Caves
怀托莫溶洞

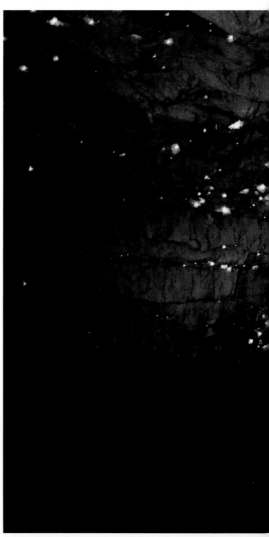

小船划进怀托莫溶洞，宛如行驶在
银河星辰之间

在全球范围内，有很多城市或地区因其壮观奇特的喀斯特地貌而闻名，比如我国广西的桂林，在古代便有"甲天下"的美誉。在新西兰北岛的奥克兰以南约100千米处的怀托莫一带，也有大量喀斯特岩溶地貌发育。与其他著名的喀斯特景观相比，怀托莫溶洞无论是规模还是内部的钟乳石景观，似乎都没有值得大书特书的亮点，为什么还会成为旅游胜地呢？

"怀托莫"（Waitomo）是毛利语，"wai"的意思是水，"tomo"的意思是入口或洞，这个词意为"流入地下洞里的小溪"。正是这条"流入地下洞里的小溪"，带领人们走进神奇的"地下苍穹"。游客乘坐专门的小船，顺着地下河进入怀托莫溶洞，随着光线强度的减弱，人们很快就会陷入伸手不见五指的黑暗之中。当你的眼睛开始适应黑暗后，你又会感到像突然掉进了另一个神奇的新空间——昏暗的洞穴中有点点萤火，恰似闪烁着微光的群星，阴暗潮湿的地下洞穴充满神秘色彩，每一位来访者宛如身处浩瀚的苍穹，只有低头看到水中"繁星"的倒影时，才会猛然想起自己身处溶洞之中……人们很难想到，这片"溶洞星空"的形成，源于一种新

怀托莫溶洞内的萤光，是小真菌蚋
幼虫诱捕其他昆虫时发出的独特淡
蓝色幽光，它在发光的同时会分泌
垂丝。图为小真菌蚋分泌的强黏性
垂丝

西兰特有的小生物的日常捕食活动，它就是小真菌蚋（Arachnocampa luminosa）。

小真菌蚋的成虫外形与大型蚊子相似，其蠕虫状幼虫的身体可以像萤火虫一样，发出淡蓝色的幽光。怀托莫溶洞对很多物种来说并不适宜生存，但对环境挑剔的小真菌蚋幼虫却喜欢聚集在怀托莫溶洞的顶部，分泌出长30~40厘米的强黏性垂丝，依靠其自身独特的萤光来诱捕具有趋光习性的昆虫，以获得食物。当数百万只小真菌蚋幼虫聚集在溶洞顶部，用幽幽萤火"迷惑"路过的昆虫时，就在漆黑的溶洞中营造出了满天繁星一般的梦幻景象。可见，真正让这里名声大噪的，就是这种仅有蚊子大小的昆虫，它们造就了怀托莫独特的萤光美景，让世界上其他喀斯特溶洞景观黯然失色。

在怀托莫地区，还有另外两处值得一去的溶洞，即阿拉努伊洞穴（Aranui Cave）和鲁阿库利溶洞（Ruakuri Cave）。

阿拉努伊洞穴距怀托莫溶洞只有3千米，它得名于其发现者——当地的毛利人鲁鲁库·阿拉努伊（Ruruku Aranui）。这座洞穴位置隐秘，虽然洞内没有会发光的小昆虫，但仍被很多人看作怀托莫地区最华丽的洞穴之一。洞内有保护完好的石灰岩岩溶构造，洞穴的顶部几乎完全被各种形态奇异的美丽钟乳石覆盖。

经过人工修整的鲁阿库利溶洞有很多精妙之处。走近洞穴，首先映入眼帘的是入口处高达15米的垂直螺旋状楼梯，这是为了不打扰附近的一处毛利人墓地而建的。楼梯和洞穴中的装饰灯，均以环保的太阳能发电。溶洞内铺设着新西兰最长的地下徒步参观小径，长达7.5千米，沿此通道在地下宫殿中穿行，可欣赏洞穴中的萤火虫景观，聆听远处地下瀑布如雷的轰鸣，雕塑般美丽的钟乳石和石笋更是让人目不暇接。

布满钟乳石的溶洞顶部

　　梦幻般的溶洞、幽深原始的森林，位于南太平洋的怀托莫溶洞代表了一种非常罕见的自然景观，即地质—地理—生物—生态的奇特组合，只有特定生物在特定的地貌景观和生态环境中才能产生这样的奇观。说到此处，我们不得不对大自然神奇的创造力充满赞叹。

阿拉努伊洞穴位于鲁阿库利风景保护区（Ruakuri Scenic Reserve）的森林深处，颇有"曲径通幽"之感

这里的地表和岩石呈现出典型的喀斯特溶蚀现象

26

火山口的洼地积水成湖，远看如同
镶嵌在灰黄色大地上的绿色宝石

新西兰-北岛

Tongariro National Park
汤加里罗国家公园

　　新西兰有丰富的地热资源，更有密集的火山活
动。在"火热"的新西兰，最著名的火山和地热公园
当数自然与人文色彩兼具的汤加里罗国家公园。

　　汤加里罗国家公园位于新西兰北岛的中部
地区，在新西兰最大的淡水湖——陶波湖（Lake
Taupo）南侧。这个主要由一连串火山组成的国家公
园，与碧波万顷的陶波湖一南一北，在地形上形成
了强烈的对比。它们都属于环太平洋火山带，不过
汤加里罗国家公园以高耸的火山锥形成的正地形为
主，而陶波湖则是典型的破火山口积水的负地形。
无论是正是负，它们都是火山活动的产物：前者是
火山喷发物堆积形成的火山锥，后者则是因为地底
岩浆大量喷出导致地面坍塌而形成的破火山口。

　　汤加里罗国家公园内有15座在近代活动过或正
在活动的火山，地热资源也非常丰富：火山口湖、
沸泉、间歇泉、喷气孔、沸泥池等随处可见。这些
地热现象都是由这个地区的地质活动造成的，都与
活跃的地下岩浆密切相关。

　　汤加里罗国家公园的自然景观在游客眼里只是壮
观与美丽的象征，在当地毛利人看来却是重要的精神
文化象征。

流水冲刷切割形成的沟壑，清楚地
展现了火山屡次喷发积累的沉积
层，为探寻火山的活动历史提供了
研究线索

新西兰向来有高频的火山活动和丰
富的地热资源。在"火热"的新西
兰，最著名的火山和地热公园当数
汤加里罗国家公园

火山喷发展现了大自然的威力和暴虐，而火山喷发所造成的局部气候和地貌地形的迅速改变，对当地崇尚火山的毛利人来说，也是极大的心灵震撼

电影《指环王》曾在此拍摄，瑙鲁
霍伊火山成为影片中"末日火山"
的原型，公园也因此声名远扬

对毛利人来说，这里高耸入云的锥状火山是权威和力量的象征，更是传说中曾获得神灵救赎的地方

1887年，毛利酋长蒂休休图基诺四世（Te Heuheu Tukino）将这一大片土地赠给新西兰人民，奠定了汤加里罗国家公园的基础。1894年，新西兰政府正式建立了汤加里罗国家公园。通过当地有效的管理和有计划的大规模土地采购，今天的汤加里罗国家公园已成为新西兰最大的公园，也是世界第四大公园。同时，汤加里罗还被联合国教科文组织列为世界文化与自然双重遗产，因为对最早来到这片土地的毛利人来说，新西兰北岛中部覆盖着白雪的火山不仅是自然美的象征，还能赋予他们极大的精神力量。

在毛利人的传说中，首领恩加图鲁带领部落初到此处时，被壮观的雪山所吸引。他带着女奴瑙鲁霍伊向山上走去，并吩咐其余随从在登山期间斋戒。但是，随从们破了戒，愤怒的神灵在山顶降下暴雪，将众人冻成了冰柱。恩加图鲁虔诚祈求后，神灵才把火种送到了山顶，火种变成巨大的火柱从火山口喷出，温暖了大地，救活了众人。为了祭奠神灵，毛利人把女奴瑙鲁霍伊的遗体投进了火山口。此后，为了纪念她，人们将此处最美的一座火山命名为瑙鲁霍伊火山（Mount Ngauruhoe）。还有一次，他们在登山途中遭遇了巨大的风暴，神灵把滚滚的热流送到山顶，热流所经过的地方都变成了热田。因为这场风暴名叫

鲁阿佩胡火山（Mount Ruapehu）山顶终年积雪，这里建有新西兰最大的滑雪场，这个滑雪场是世界上唯一一个距离活火山口不到500米的滑雪场

汤加里罗，人们就把这个被神灵救赎的地方命名为汤加里罗山。

公园虽然以汤加里罗山命名，但由于这座山遭受过多次火山喷发的破坏，如今只剩下一段残缺的山体。在山的东南侧，有几个后期喷发的火山口，因积水而形成了火山口湖，印证了这里有多次岩浆喷发的历史；若人们看到它陡峭的南坡崖壁，也可窥见这座火山当年的雄伟风采。汤加里罗山一带现在仍是火山活动地带。

瑙鲁霍伊火山是公园里最壮观、典型的圆锥形火山。它的山坡陡峭，顶部的火山口常年烟雾蒸腾。19世纪30年代以来，它一直处于活动状态，喷出的熔岩顺着山坡流淌，使火山的形状不断改变，还在主火山口内生成次生的火山锥。

鲁阿佩胡火山是北岛的最高点，海拔2796米，山顶终年有皑皑积雪，是著名的滑雪胜地。这是一座只有75万年历史的"年轻"活火山，它在20世纪曾数度爆发，1953年是最严重的一次，当时滚烫的泥浆冲毁了一座铁道桥，造成火车上153人死亡；最近一次喷发是在2007年。

毛利人传说中的种种自然因素，如风暴、冰雪、热流、火柱，都在汤加里罗国家公园展现出独特的美。被冰雪覆盖的高耸火山和它们不定时的喷发，看似不甚"宜居"，却使这里维持着一种独特的自然生态，为毛利人的基本生存提供了条件。所以，毛利人崇拜这些险峻高大的火山，将它们视为有生命的神灵加以膜拜。

鲁阿佩胡火山

27

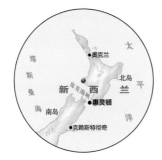

新西兰-北岛

Mount Taranaki
塔拉纳基山

　　日本的富士山高大优美，海拔3776米，拥有完美的对称形态，是日本的重要象征和亮丽名片。初到新西兰北岛中西部的游客，面对一座顶部被白雪覆盖的山峰，往往会困惑：这是富士山吗？它不是富士山，而是新西兰形态最完美的火山、埃格蒙特国家公园（Egmont National Park）的代表景观、海拔2518米的塔拉纳基山。

　　这座山还有一个名字，叫埃格蒙特峰（Mount Egmont），这个名字来源于大名鼎鼎的库克船长。当1712年库克船长将这座山命名为"埃格蒙特峰"时，他并不知道，当地毛利人早在几个世纪前就赋予了这座山一个美丽的名字——塔拉纳基山，毛利语意为"闪耀的山峰"。从地形上看，这座火山从辽阔的平原上拔地而起，每日清晨，它第一个迎来朝阳，傍晚，它最后一个告别夕阳。即使是日落时分，周围的大地逐渐被黑暗笼罩，它也还能享受到太阳的余晖，在遥远的天际闪着微光，"闪耀的山峰"名副其实。

　　富有想象力的毛利人为这座"闪耀的山峰"编织了一个令人神往的传说。据说塔拉纳基山神原本与汤加里罗山神、鲁阿佩胡山神和瑙鲁霍伊山神都

塔拉纳基山周围的数十条小河几乎
都来源于山顶融化的积雪,这些河
流又长期滋润着山脚的广阔原野,
赋予当地新的生命力

塔拉纳基山是一座休眠火山,它的
山体因为具有极高的对称性,可与
著名的日本富士山媲美,因此被称
为"新西兰的富士山"

居住在新西兰北岛的中部，而覆盖着茂密森林、名为皮汉加（Mount Pihanga）的山峰则是汤加里罗山神的妻子，也是其他山神共同倾慕的对象。塔拉纳基山神爱上了皮汉加，不能自拔，其疯狂的追求惹怒了汤加里罗山神。汤加里罗山神大发雷霆，一时间岩浆四射，熔岩喷涌，他带领众山神驱逐塔拉纳基山神。寡不敌众的塔拉纳基山神不得不向西逃亡，并在途中开辟了大河旺阿努伊河（Whanganui River），以阻挡众山神的追击。如今，塔拉纳基火山便孤零零地耸立在蜿蜒的旺阿努伊河西侧。

高大的塔拉纳基山每年会接收大量从塔斯曼海上空飘过来的水汽，这些水汽造成了塔拉纳基山较高的年降水量。在卫星图片上可以清晰地看到，从山顶向各个方向呈放射状分布的山地水系，如同一张天然的流水管道网络，把山顶的积雪融水源源不断地送到四面八方。在常年被水汽滋润的塔拉纳基山山坡和山脚处，生长着茂密的森林，山脚下的沼泽里还生长着很多新西兰特有的蕨类植物。生活在海拔高处的植物则多是十分"坚强"的物种，因为它们要适应此处因火山岩风化而形成的酸性土壤和较低的气温。

1900年，为了保护塔拉纳基山以及它周围的自然环境，新西兰国会通过了特别法案，建立了埃格蒙特国家公园。从此，公园内的生态系统得到了有效的保护。

每年，有大批登山爱好者来到此处，只为一睹主峰的对称之美。其实，塔拉纳基山属于复式火山，在主峰南侧还有一座范瑟姆峰（Fanthams Peak），但主峰的光芒太盛，所以人们容易忽略旁边的小火山锥。

在享受美景之余，不得不承认的是，在此处登山极为危险。塔拉纳基山虽然是休眠火山，但山上的气候变化和地质变化仍相当活跃，常常突发恶劣天气。登山爱好者常将攀登塔拉纳基山称为"美丽而致命的诱惑"。

塔拉纳基山高耸入云，旁边的小山体为范瑟姆峰

28

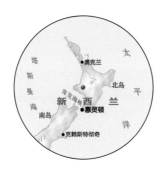

新西兰著名的本土鸟类几维鸟

新西兰-北岛

Whanganui National Park
旺阿努伊国家公园

旺阿努伊国家公园是新西兰北岛的四个国家公园中成立最晚的一个。它建立于1986年，占地面积742平方千米，与埃格蒙特国家公园是近邻，在公园里的很多地方都能遥望到埃格蒙特国家公园的标志性景观——与日本富士山极为相似的塔拉纳基山。旺阿努伊国家公园因旺阿努伊河、观鸟和毛利文化村落而闻名，被誉为"新西兰旅游活动最丰富的国家公园"。

旺阿努伊国家公园主要由旺阿努伊河沿岸的湿地、森林和平原组成，但是并不包括整个旺阿努伊河流域，而是在原有的森林公园和部分国家保护地区的基础上重新规划而成的。旺阿努伊国家公园是鸟儿们一展歌喉的舞台，公园建立的初衷就是保护在这里安家的几千只几维鸟（*Apteryx* spp.）和山蓝鸭（*Hymenolaimus malacorhynchos*）等新西兰特有鸟类。在公园中漫步，几乎一整天都有鸟儿婉转的歌声相伴。

旺阿努伊国家公园中很多保存完好的早期毛利人村落，使这里成为人们了解毛利文化的"博物馆"。人们可以参观独具特色的毛利人古老居所，欣赏风格粗犷的毛利雕塑艺术，感受早期毛利人对

山蓝鸭胸前的斑纹和深蓝色的羽毛是
其形象特征

旺阿努伊河穿过公园，滋润了两岸
的山谷和丘陵

虽然这座大桥似乎早已与周围的环境融为一体，但它代表了人类妄自尊大、企图改变自然的失败案例

大自然的崇敬与向往。

在旺阿努伊国家公园的密林深处，还隐藏着一座奇怪的建筑：一座漂亮的混凝土公路桥横跨在窄而深的芒格普鲁阿峡谷（Mangapurua Gorge）上。这座桥的奇怪之处在于，桥的两头不与任何道路相连，周围也看不到建筑物或居住区的痕迹。

原来，这座桥的背后有一段人类被大自然"驱赶"的历史。1917年，为了给从第一次世界大战战场上回国的士兵们提供一个休养生息的地方，当地政府决定在偏远的芒格普鲁阿峡谷的一侧建造农场。当时，政府修建了一座可供马匹通行的木制吊桥，以便人们越过峡谷，进出农场。后来，在许多人的建议下，一座比木桥更为坚固的混凝土公路桥在1936年落成了。可是，这座桥仅使用了6年就被废弃了，因为农场的土地实在过于贫瘠，人们数十载的耕耘也换不来作物的丰收，只能忍痛放弃那里。多年以后，重新长出的森林彻底抹去了人类居住的痕迹，只留下这座桥孤零零地守望在那里，成为一段特殊的记忆。

这座奇怪的桥带给人们一个重要的启示：人类只是地球上万千生物中的一种，绝不能过于狂妄地向地球母亲索取。地球母亲想要保留的东西，人类必须放弃，否则只会带来失望，甚至灭顶之灾。

人们可以在密林深处的小溪上乘船，多方位地了解公园植被的风貌

29

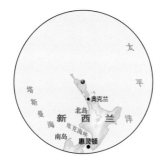

新西兰-北岛

Bay of Islands
群岛海湾

　　在新西兰北岛北部的亚热带气候地区，有一片辽阔的蓝色海湾，那里有大大小小共144个岛屿，它们如珍珠般星星点点地散落在蓝色的海洋中。海湾具有一定的封闭性，所以这里不仅海水温热，植被茂盛，风浪也相对较小。这里的大部分岛屿都无人居住，处于原始状态，周围还分布着许多美丽的白色沙滩。这里就是四季如春的群岛海湾，是新西兰原住民毛利人的家乡。

　　相传早在11世纪，来自波利尼西亚的探险者就已经踏上了这片土地，并在这里繁衍生息。直到1769年，英国航海家詹姆斯·库克船长才发现并对外公开了这片岛屿众多的海湾。随后，传教士、渔民和商人蜂拥而至，派希亚（Paihia）和拉塞尔（Russell）两个著名的旅游小镇也应运而生，成为英国殖民者在新西兰建立的第一批永久定居点。

　　派希亚听起来很像毛利语，实际上却是英国人亨利·威廉姆斯起的名字。当年只懂一点点毛利语的威廉姆斯到达此处后，被这个风景优美、气候温润的地方深深吸引，但他只知道毛利语中"pai"的意思对应英语中的"good"，就把毛利语和英语结合起来，将这里称为"pai here"，意为"这是个好地方"。渐渐

这里许多岛屿的山林里都修建了徒步小道，人们漫步在绿荫之中，可以尽情欣赏静谧优美的海岛风光，有时还会看到可爱的野生动物

在岛上，人们偶尔会遇见眺望远方的企鹅

鸟瞰群岛海湾

地，当地的居民也接受了这个地名，并衍生出现在的地名——Paihia。

可以说，派希亚是新西兰近代历史的起源地。1840年，英国殖民者在这个镇子北边的怀唐伊（Waitangi）与500多名毛利酋长签订了对新西兰影响深远的《怀唐伊条约》。根据条约内容，毛利人各酋长正式让出其领土主权，毛利人可得到英国女王的保护，并享有"英国国民所享有的一切权利和特权"。时至今日，该条约依然是新西兰法律的框架基础，其签订日更是被定为新西兰的国庆日。现在，怀唐伊作为建国文件的签署地，已然成为了解新西兰历史和毛利文化的胜地。在条约签署屋（Treaty House）旧址，人们以多种形式重现了当年条约签署时的情景。当地还有许多展示毛利文化的陈列室，摆满雕刻艺术品的毛利会堂和新西兰最大的毛利战船都能让对毛利文化好奇的来访者一饱眼福。

派希亚的对岸就是小镇拉塞尔。早在1809年，殖民者就踏上了这片土地，使这里成为新西兰的第一个白人定居点；1840年，英国殖民者将拉塞尔选为新西兰建国后的第一个首都。不过，这个首都曾被形容为灯红酒绿、醉生梦死的"罪恶世界"，到处都是贪婪的捕鲸者、隐姓埋名的逃犯和妓女，以及酗酒斗殴的好事之徒。据说，当年在不长的滨海区街道上，开门营业的酒馆就多达30多家。如今广受好评的马尔伯勒公爵酒店（The Duke of Marlborough Hotel）是这里第一个获得新西兰酒类许可证的酒店。短短九个月后，新西兰的首都就由拉塞尔迁往奥克兰，现在的首都则是北岛最南端的惠灵顿。

时光流逝，这个充满了新西兰早期历史沉淀和浪漫故事的小镇已不再喧嚣，变得宁静祥和：港湾停满了游艇和帆船，所有的古老建筑都被精心地维护

派希亚（左图）和拉塞尔（下图）两个小镇都是傍海而建，海湾处停泊着许多轮船。人们到群岛海湾，除了开展户外和水上活动，还可以体验两个小镇浓浓的复古情调

着，镇上两条主要的街道依旧保留着古朴的风情。小
镇周围有许多山林和岛屿，沿着人工修建的林荫小道
爬上一座小山，聆听鸟儿的歌唱，享受海风的吹拂，
优美的海岛风光一览无余。幽静的拉塞尔有一种令人
心境平和的闲适氛围，与对岸热闹的派希亚形成了鲜
明对比。

　　与镇上浓郁的人文历史风情不同，拉塞尔北边
的塔佩卡角（Tapeka Point）是一片充满生态魅力
的海洋动物世界，企鹅、海豚、鲸等野生动物都自
由自在地生活在那里。

　　美好的环境需要人们共同维护。2014年，为了
保护这里的自然环境，群岛海湾社区发布了一份社
区咨询文件，建议设置两处"永久禁渔区"，区域
内禁止捕捞海洋鱼类和其他生物。经过与居民五年
的协商，当地在群岛海湾内划定了两个保护区，将
保护区范围内的海域确定为永久禁渔区。

群岛海湾地区不时有成群的海豚跃
出海面

塔佩卡角波澜壮阔，风急浪高，充
满狂暴的自然野性，却是许多海洋
动物的天堂

鲣鸟能游泳，善飞行，在群岛海
湾，人们经常能看见它们以轻盈的
姿态踏水而行

30

对于自然爱好者来说，即使是此处
河里的石头，也能"讲述"欧文山
的地质演变历史

新西兰-南岛

卡胡朗伊国家公园的主体欧文山

Kahurangi National Park
卡胡朗伊国家公园

　　来新西兰旅行，如果想循着小众的路线，看些独特的风景，位于南岛西海岸的小镇卡拉米亚（Karamea）是个不错的选择。从这里沿着希菲步道（Heaphy Track）走下去，可以充分地游览新西兰第二大国家公园——卡胡朗伊国家公园。

　　希菲步道为徒步旅行者提供了探索卡胡朗伊国家公园偏远荒野的绝好机会。当穿越茂密的森林和荒无人烟的原野，漫步于长满野草的丘陵，走过布满岩石碎屑的河床，登上崎岖的高山之时，你会体验到无与伦比的激动和喜悦。

　　卡胡朗伊国家公园建立于1966年，海拔1875米的欧文山（Mount Owen）是卡胡朗伊国家公园的主体景观。用语言描述这里的风景显得有些苍白，电影《指环王》中"撤出摩瑞亚矿"一节所呈现的场景，让更多人感受到了卡胡朗伊国家公园的冲击力。

　　以欧文山为中心的卡胡朗伊国家公园，是一片遍布高山峻岭和茂密森林的原始山野。这里有大面积裸露于地表的可溶性碳酸盐岩，所发育的地理景观是新西兰最长的喀斯特溶洞系统。这里神秘、原始的自然环境，是许多野生动物的避难所。

卡胡朗伊国家公园内有很多原始水道，它们隐藏于森林、洞穴之中

与以水路为主的旺阿努伊之旅不同，希菲步道是新西兰最长的徒步步道，走完全程需要4~6天

这里所展现出来的地貌，是大理石
岩体被冰川切割后，再经过风化溶
蚀而形成的，可以称为"另类的喀
斯特景观"

山蓝鸭的毛利名"whio"取自雄鸭
鸣叫的声音。新西兰人会将珍稀本
土物种的形象印在钱币背面，10元
新西兰元的背面就印有山蓝鸭图案

欧文山道路崎岖，发育有溶洞系统，随处可见碎岩石，风景奇特优美

登山过程中会看到各种植物

卡胡朗伊国家公园因拥有极长的喀斯特溶洞系统和陡峭山岩，吸引了很多经验丰富的洞穴探险者和登山者

三四十年前，一队考古学家在欧文山的一个大型洞穴系统内进行探险时，偶然发现了一块不同寻常的动物遗骸。当时，在黑暗的洞穴里，他们甚至怀疑自己的眼睛，因为出现在他们面前的是一只巨大的、像恐龙一样的脚爪，它的肉和鳞片状的皮肤完好无损，似乎是最近才死去的动物留下的。考古队员迅速地将它妥善保存，带回去进行研究。研究的结果令人震惊，这只神秘的脚爪被鉴定为一种早已灭绝的大型史前鸟类的遗肢，那是一种叫作莫阿（Moa）的巨型"恐鸟"。莫阿是新西兰特有的一种大型食草鸟类，数千年来，它们一直生活在森林、灌木丛中，是亚高山自然生态系统中最主要的动物之一。可惜的是，莫阿在人类到达新西兰之后被大肆捕杀，它的肉和蛋，成为人类的食物；它美丽的羽毛，成为人们的装饰物。对莫阿的灭绝，人类负有不可推卸的责任。

时至今日，卡胡朗伊国家公园仍然是野生动物的聚居地：这里生活着十多种新西兰本土鸟类，还有巨型的食肉蜗牛、大型的洞穴蜘蛛、羽毛上有许多大斑点的几维鸟、昼伏夜出的蝙蝠和神秘的山蓝鸭。公园的山林和溪流中，处处可见这些造物主创造的美丽生命。

濒临灭绝的新西兰本土物种南秧鸡（*Porphyrio hochstetteri*）也分布在这里，它们曾是新西兰极为常见的动物，但因人类的大量捕杀导致种群衰落

不会飞的威卡鸟（*Gallirallus australis*）

31

新西兰-南岛

Nelson Lakes National Park
纳尔逊湖国家公园

　　高山湖泊是一种非常独特的湖泊类型，我国青海的青海湖、新疆的喀纳斯湖和西藏的纳木错都属于大型高山湖泊，凡去过这些地方的人，大都会被这些湖泊的壮丽景观所震撼。新西兰南岛的纳尔逊湖国家公园，也拥有值得一看的高山湖泊景观，这里的美会给人们带来似曾相识又不尽相同的奇妙体验。

　　纳尔逊湖国家公园的自然景观，堪称第四纪冰川创造出来的一件艺术品。众所周知，地球自诞生之日起，气候就在不断变化，温暖和寒冷的气候交替出现。历史上曾经出现过三次大规模冰川活动时期（即冰期）：第一次是震旦纪，距今约6亿年；第二次是古生代后期的石炭纪—二叠纪，距今约2亿~3亿年；第三次是新生代第四纪，距今约200万年。纳尔逊湖国家公园的湖泊，就是在最后一次大冰期中形成的。

　　纳尔逊湖国家公园的主要地质景观是典型的冰蚀湖。在寒冷的冰期，群山被冰雪覆盖，当冰川向山下运移的时候，由于其自身重量而产生的巨大挤压力会切削并拓宽山谷，将山谷底部向下刨蚀，形

纳尔逊湖国家公园成立于1956年，中心景观罗托罗阿湖和罗托伊蒂湖位于南阿尔卑斯山的群峰之间，这些山峰的海拔都在2200米以上

被雪山环绕的罗托罗阿湖宁静深邃，似乎能让见者忘记烦恼

罗托伊蒂湖的岸边泊有游船，水上活动爱好者可以在这里放松身体和心情

清澈见底的蓝湖被当地人誉为"毛利人最神圣的地方"

罗托伊蒂湖和罗托罗阿湖被树林和雪山围绕，远看犹如色彩丰富而精致的盆景

成相当深的宽阔洼地，冰期过后，融化的雪水注满洼地，就形成了冰蚀湖——一种格外壮美的高山湖泊。纳尔逊湖国家公园内，由于群山常年被白雪覆盖，许多河流还保持着冰期时的形态，造就了公园内气势磅礴的景观特点。

公园的核心地区是两个大型的冰蚀湖，即罗托伊蒂湖（Lake Rotoiti）和罗托罗阿湖（Lake Rotoroa），也有一些较小的淡水水体和溪流，在崇山峻岭中穿梭奔涌。

罗托伊蒂湖和罗托罗阿湖被山脉分隔，覆盖着成片植被的山体倒映在水晶般清澈的湖中，便在这片并不广阔的区域里，营造出一种无法言传的壮美。虽然同样是高山湖泊，它们所呈现的风光与青海湖、纳木错的粗犷气质完全不同，与新疆喀纳斯湖的景观倒是有些相像，只是就规模而言，它们更像是精巧绝伦的盆景，二者风格迥异，又都独特迷人。

纳尔逊湖国家公园长期保持着半荒野的状态，公园在不破坏生态环境的前提下为旅行者提供了多种设施。蓝湖（Blue Lake）是纳尔逊湖国家公园的著名景观之一，这个山间小湖的光学透明度几乎可与蒸馏水媲美，透视能见度高达80米。为了保护湖水的天然状态，公园规定游客不能进入湖中，但在湖边为到访者们建造了一些小屋，以满足他们近距离感受蓝湖的愿望。

不同于白天的喧嚣，黄昏时刻的罗托伊蒂湖显露出沉静的气质

32

新西兰-南岛

Paparoa National Park
帕帕罗阿国家公园

　　与新西兰南岛绝大多数的国家公园相比，帕帕罗阿国家公园的占地面积较小，仅有306平方千米。这座公园成立于1987年，之所以被命名为"帕帕罗阿"，是因为其范围从西海岸一直延伸到帕帕罗阿山脉（Paparoa Range）。

　　帕帕罗阿国家公园处在容易被溶蚀的石灰岩地区，这里大面积的石灰岩形成于3500万~2500万年前的海洋中。在普纳凯基（Punakaiki）的海边有一些奇特的岩层，它们是软硬相间的薄层状岩层。因为每一层岩石的硬度不同，抵抗风化的能力存在很大差异，于是在风化过程中，坚硬的岩层较多地被保留，而较软的岩层则被严重地风化，经过漫长的侵蚀作用，形成了千层饼状的薄饼岩（Pancake Rocks），这就是"差异风化"现象。这种现象造就了独特的喀斯特地貌。在海边，层次分明的层状岩石显现出整齐的石灰岩层理构造，加上漂亮的纹路，营造出不一样的海岸风光，成为帕帕罗阿国家公园最亮丽的名片。

　　在帕帕罗阿国家公园的海岸，还有一种更为罕见的地质构造——海蚀洞。海浪常年冲击海岸岩石，会在岩壁上形成明显的凹陷，慢慢形成一个海

公园内的薄饼岩显现出整齐的石灰岩层理构造，岩石上好像贴着一层漂亮的叠层状花纹，比一般的海蚀地貌更加独特

惊涛拍岸，造就了帕帕罗阿的多种海岸奇观，比如海蚀洞

帕帕罗阿国家公园普纳凯基海岸的薄饼岩

海蚀洞

不同地带的不同树种形成了层次分明的植被结构，如同画家的调色盘，将大地渲染成深浅不一的绿色

这里的大多数植被都保持着原始的生长状态，有许多低矮的灌木，也有高大的乔木

蚀洞；海蚀洞在海浪强有力的冲击下会越来越深、越来越大，冲进洞内的海浪甚至会朝天喷涌。最令人震惊的景象是，当巨大的浪潮涌进洞里时，洞中的空气和海水会从这个开口被猛烈地挤压出去，场面如同火山喷发，伴随着巨大的轰鸣，好像惊醒了沉睡的巨人。

除了景观壮丽的岩石海岸和幽深的峡谷，帕帕罗阿国家公园还有繁茂的森林。由于这里气候温和，土壤肥沃，从古老花岗岩组成的内陆帕帕罗阿山脉，到千层饼式的石灰岩海岸，分布着不同类型的植被。海岸附近的林间空地上生长着具有异国情调的棕榈树，给人一种置身亚热带的感觉；内陆森林则以水青冈（*Fagus longipetiolata*）和其他松柏树为主，构成了森林高耸的顶冠。不同的树种形成了层次分明的植被分带，如同画家的调色盘，将大地渲染成深浅不一的绿色。

这里不仅环境优美，而且气候相当温和，冬天的积雪会覆盖山顶，但不会延伸到公园内海拔较低的森林地带。这里河床狭窄，水流汹涌，深沟、瀑布、水槽、漏斗、洞穴密布，构成了一个复杂的地下地上流水系统。虽然这一切都吸引着喜爱探险的旅行者，但是出于安全考虑，没有向导的冒险活动还是应尽量避免。

辽阔壮观的普纳凯基海岸，令人心旷神怡

33

阿贝尔·塔斯曼国家公园面积不算
大，从林缘处仍可窥见广阔的大海

新西兰-南岛

Abel Tasman National Park
阿贝尔·塔斯曼国家公园

　　新西兰是欧洲早期航海家在离欧洲最远的海域发现的美丽宜居之地，这里的新移民喜欢把探险家的名字用作地名，以纪念他们的功绩。澳大利亚与新西兰之间的塔斯曼海，就得名于历史记录中最早发现新西兰的欧洲人、荷兰航海探险家阿贝尔·塔斯曼。

　　1942年12月，新西兰政府在南岛的西北端规划了一个新的国家公园，即阿贝尔·塔斯曼国家公园。

　　阿贝尔·塔斯曼国家公园的面积只有237平方千米，是新西兰最小的国家公园，但来过这里的人可能会告诉你：这座国家公园是新西兰最有特色的公园。这里不仅是海滨天堂，更是一座野生动植物和谐共生的天然生态博物馆。公园内的山地丘陵被繁茂的森林所覆盖，其中不少森林具有典型的雨林特征，有些地方还有草原。这种北岛和南岛植物群落交错生长的现象，在新西兰其他地方是见不到的。

　　新西兰许多国家公园的由来，都是世代生活在当地的居民将原属于自己家族的土地捐赠给政府，政府再将其作为公园进行规划。当地人之所以会慷慨捐献，是因为国家公园的重要作用之一就是保护

公园设施完备，其中的海岸步行道更是因风景多样而被人们誉为"新西兰最佳步道"

公园有大面积的海岸，内陆的茂密森林与山地相接。由于公园面向塔斯曼海，所以就被命名为阿贝尔·塔斯曼国家公园

因节理现象和风化侵蚀而被一分为
二的圆石

当地的自然生态，这与居民的愿望是一致的。阿贝尔·塔斯曼国家公园也不例外。当地一个叫威尔森的家族捐出了其所有的大部分山林和土地，只保留了祖先住宅的所在地，为公园的设立奠定了基础。除此之外，该家族于1841年建立的威尔森·阿贝尔·塔斯曼公司，凭借着对当地地理地势和生态情况的熟悉，协助政府建设公园，维护环境，在公园的观光步道的设计和修建方面也做出了卓越的贡献。如今，除了自然环境，公园在游览方面所做的诸多设计也是游客们交口称赞的重要话题。

在阿贝尔·塔斯曼国家公园内，最吸引人的巧妙设计莫过于公园北端半岛上被誉为"新西兰最佳步道"的阿贝尔·塔斯曼海岸步行道。这条步行道始于皮特角（Pitt Head），穿过丘陵和森林，经过半封闭的蒂普基蒂阿湾（Te Puketea Bay），向北形成一个闭环；全程约50千米，走完需要3~5天。在这条路上，人们能看到古老的毛利堡垒遗址，感受本地文明；能在花香弥漫的密林深处听到阵阵鸟鸣，走进山中，看着水晶般清澈的溪水沿着长满青苔的山谷奔流而下，汇入海洋；能站在高处，眺望海边奇形怪状的风化岩块，看坚硬的岩石海岸伸入大海形成的海岬，观赏树林和潮汐带之间迷人的沙滩。这条步行道将公园内大部分的亮点串联到一起，便于游览，一年四季，慕名来到这里的游客络绎不绝。

阿贝尔·塔斯曼国家公园内风光旖旎，与人们共同陶醉于这美好景致的，还有众多野生动物。漫步在公园内，无论是在阳光明媚的海滩上，还是在茂密的森林里，都有可能遇见在自己的领地内觅食的动物，只要不打扰它们，即便与你近在咫尺，它们也只会警惕起来，不会逃走。海上有成群的海燕、海鸥，海面偶有可爱的小企鹅在波浪中若隐若现；山林中则常有鹿、山羊、野猪等动物，鸬鹚站在溪水边寻找猎物，有时还能听到鸟雀的歌声在幽深的森林中回荡。

　　阿贝尔·塔斯曼国家公园内的景观，如同一幅和谐的天然画卷。这里所有的自然元素，无论是白浪翻滚的海洋、奇形怪状的岩石、茂密多姿的山林，还是各色各样充满活力的飞鸟与走兽，它们共生共存，不可分割又各具特点，让每一位来访者都发自内心地感到舒适与愉悦。这是人们融入大自然的特别体验，也是阿贝尔·塔斯曼国家公园自身所散发的独特魅力。

鸬鹚喜欢沿海生活，人们常能在新西兰的海边看见小群的鸬鹚，它们善于潜水和游泳，更是捕鱼健将，所以中国人称其为鱼鹰

海岸上有成群的海燕、海鸥、苍鹭等鸟类休息或觅食

海边常有海狮懒懒地躺在岩石上晒太阳

34

新西兰-南岛

Aoraki / Mount Cook National Park
奥拉基/库克山国家公园

远眺库克山。库克山是南阿尔卑斯山的最高峰，也是新西兰最高峰

　　欧洲的阿尔卑斯山脉是世界闻名的登山胜地，但很多人不知道，在被誉为"花园之国"的新西兰南岛，有一条名为南阿尔卑斯山的山脉，对于登山爱好者来说，同样具有巨大的吸引力。

　　南阿尔卑斯山如同南岛突起的脊梁骨，沿着岛屿的东北—西南方向延伸。由于新西兰位于太平洋板块和印度-澳大利亚板块的交界处，两个板块不断地碰撞挤压，新西兰南岛的地层被推挤抬升，形成了南阿尔卑斯山。

　　在当地富于想象力的毛利人的传说中，天父与地母的孩子奥拉基和他的三个兄弟在南太平洋航行时，独木舟因撞上暗礁而倾覆。四兄弟在海浪中几经挣扎，终于爬上独木舟时，又被从南极刮来的刺骨寒风冻住，于是独木舟变成了新西兰南岛，而四兄弟则变为南阿尔卑斯山上的几座高峰。南阿尔卑斯山上高耸雪峰的壮美风光，被毛利人的传说赋予了不一样的魅力，雄伟壮丽的风光和传奇故事，吸引了很多游客。这片区域被划分为两个国家公园，即奥拉基/库克山国家公园和西部泰普提尼国家公园。

塔斯曼冰川（Tasman Glacier）

特卡波湖（Lake Tekapo）及湖岸盛放的羽扇豆

由于板块运动，库克山还在慢慢向
上生长，如今的高度已经让很多登
山者望而却步了

南阿尔卑斯山的地貌，有点像把地毯向着一个方向
推挤而产生的褶皱，山脉走向即板块拼合带延伸的
方向。这种板块碰撞的巨大力量至今仍在发挥着作
用，南阿尔卑斯山仍在以难以觉察的速度缓慢增高

塔斯曼冰川在山脚下融化成河

奥拉基/库克山国家公园建于1953年。这是一座狭长的位于高寒地带的公园：长约64千米，最窄处只有20千米，总面积约722平方千米，其中冰河和冰川湖面就占了约40%；公园内海拔超过3000米的山峰多达29座，新西兰最大的冰川塔斯曼冰川和海拔最高的山峰库克山皆坐落于此。可以说，这里鲜明地展现了南阿尔卑斯山的风貌。

狭长的奥拉基/库克山国家公园占地面积虽不大，在垂直方向的延伸却相当可观：最高的库克山海拔3724米，山顶终年积雪；雪山之下的普卡基湖（Lake Pukaki）湖面海拔约520米，最深处达70多米；若从湖面的海拔算起，这个公园内地势的绝对高差就已超过了3200米。毫不夸张地说，奥拉基/库克山国家公园是一座"立体"的公园，这也是它的独特魅力所在。

库克山无疑是公园内最受瞩目的山峰。虽然库克山已经是当前新西兰海拔最高的山峰，但由于板块运动，它仍在以平均每年7毫米的速度向上生长。除了高海拔，库克山一带的恶劣气候也是许多登山者必须面对的挑战。在南纬40度到60度的低气压带，常年盛行5~6级的西风，平均每月有7~10天有7级以上的大风，这就是著名的"咆哮西风带"——南半球西风带，南阿尔卑斯山就处于其中。恶劣的天气是登山者的克星，据统计，已有百余人死于库克山的山难，但仍有不少具有冒险精神的登山爱好者特地前来，他们不畏险阻，一步一个脚印地向雪山之巅进发。

公园内的塔斯曼冰川全长23.5千米，宽4千米，厚200~600米，海拔从3000米降至750米。山顶堆积的冰雪沿着山坡向下滑动的巨大力量将坚硬的山体切割成"V"形山谷，山谷中汇集的更大的冰川又将谷底逐渐改造成"U"形。冰川下滑到雪线以下时，便断裂成碎块，碎冰融化形成小溪，沿着山沟汇成小河，形成冰碛湖，"蓝色牛奶湖"普卡基湖和翠绿的特卡波湖便是如此形成的。

这里远离城市的污染，寂静的夜晚，人们在这里能清晰地看到壮丽、浩瀚的星空。奥拉基/库克山国家公园的天空占据了新西兰唯一的国际黑暗天空保护区（由国际黑暗天空协会评选，旨在保护该区域的夜空不受光污染）的大部分面积。当夜晚来临，寂静的天空中繁星点点，银河浩瀚，给人们带来无限的遐想。

　　奥拉基/库克山国家公园集雪峰、冰川、高山、河流于一体，景观壮丽又富于变化，令见者难以忘怀。

从山顶缓慢下滑的塔斯曼冰川以巨大力量将坚硬的山体切割成"V"形山谷，谷底又逐渐被切削成"U"形。融化的冰川在山脚汇成溪流，形成了公园内河流穿过峡谷的美景

塔斯曼冰川

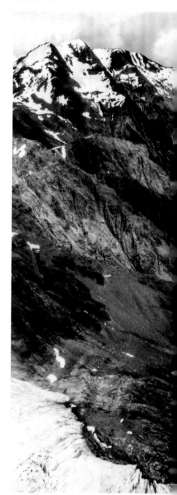

特卡波湖的源头区

随着气候变化，温度上升，自20世纪90年代以来，塔斯曼冰川以大约每年180米的速度消退，在冰川的终点处形成了塔斯曼湖，湖泊的形成也加快了冰川的消退

由于板块运动，库克山还在慢慢向上生长。即使是目前的高度和恶劣的天气，也已经让很多登山者望而却步了。图中左侧为库克山的东壁，右侧是金字塔形的塔斯曼山及塔斯曼冰川

35

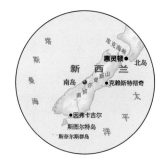

近些年，福克斯冰川的下部不断融化、断裂，形象大不如前，使得弗朗茨·约瑟夫冰川逐渐获得更多游客的青睐。图为福克斯冰川

新西兰-南岛

Westland Tai Poutini National Park
西部泰普提尼国家公园

　　爬上南阿尔卑斯山东侧的奥拉基/库克山国家公园布满冰川、冰河的山坡，越过山顶的雪峰后，就进入了让人有"冰火交融"之感的西部泰普提尼国家公园，从此处一路向西，一幅壮丽的原始地貌画卷徐徐展开：雪山、冰川、森林、草原、湖泊、河流、湿地、海岸……

　　西部泰普提尼国家公园建于1960年，位于南阿尔卑斯山西侧，背靠高山，面向广阔的塔斯曼海。从地势延伸的趋势上看，它被高山断层分割成充满戏剧性反差的两部分：断层的东部，山脉高高耸起，海拔达2000多米，山坡陡峭，峡谷难以通行，沉睡的雪原滋养了大大小小的冰川；断层以西的低地，覆盖着潮湿茂密的雨林，再向西去，还有风景宜人的湖泊、湿地、河口、海岸。植被的绿色与山巅的白色、雨林的湿热与冰川的寒冷，互相衬托，交相辉映。

　　公园内最有名的两座冰川当数福克斯冰川（Fox Glacier）和弗朗茨·约瑟夫冰川（Franz Josef Glacier）。对许多迷恋冰川的旅行者来说，这对姊妹冰川最大的魅力莫过于它们极快的移动速度。因

这里是新西兰著名的"冰川之乡"。在众多冰川雪山中，最受攀登者关注的是福克斯冰川和与其相邻的弗朗茨·约瑟夫冰川

福克斯冰川的冰裂隙

弗朗茨·约瑟夫冰川

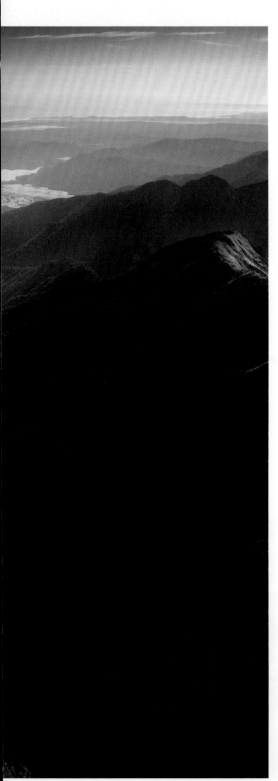

地势陡峭，这两条冰川每天可下滑近4米，这种移动速度在冰川界几乎可以称为"神速"，而位于山岭东侧的塔斯曼冰川每天最多仅能"蠕动"65厘米。这两条冰川也很"接地气"，它们巨大的冰舌一直延伸到海平面附近。其中，福克斯冰川的末端甚至已接近西部海岸的雨林地区，因此，很多人会沿着冰舌步行到冰川脚下，近距离地观察这晶莹剔透的流动冰雪。

不过，福克斯冰川的近况并不乐观。由于当地气温常年高于0℃，福克斯冰川的尾端开始断裂、崩塌、融化，融化的雪水虽汇成了迷人的福克斯河（Fox River），但也给攀登者增加了危险。同时，在冰川流动的过程中，周围岩壁崩塌的碎石和尘土撒在冰面上，如同一层煤灰，且越接近末端，冰舌上的尘土越多，几乎掩盖了冰川晶莹洁白的本色。对比之下，与福克斯冰川相邻的弗朗茨·约瑟夫冰川逐渐获得更多游客的青睐——可能由于福克斯冰川的快速融化，也可能是因为附近的弗朗茨·约瑟夫冰川小镇比福克斯冰川小镇面积更大，能在出行游玩上提供更多更好的选择。

虽然福克斯冰川的现状有点令人失望，但西部泰普提尼国家公园依然充满生机。

保护完好的热带雨林和湿地为许多珍稀物种提供了庇护所，这里活跃着一些新西兰极为稀有的本土鸟类。涉水的鸟类和其他喜水生物在海岸附近的湿地里茁壮成长；在低地森林的中心地带，生活着新西兰最稀有的几维鸟；啄羊鹦鹉（Nestor notabilis）则在整个公园都很常见。

除了冰川雪峰与热带雨林造就的"冰与火之歌"，这个公园还给了人们一个意外的惊喜——天然温泉。科普兰小径是一条可以穿越南阿尔卑斯山的徒步路线，在其修建过程中，工人们意外地发现了一处天然温泉。这处温泉温度适宜，水雾腾腾，被冰雪覆盖的山峰所环绕。

当低海拔处的冰川表面不断融化，雪水汇入山脚岩石间的溪流，小溪就逐渐变成了河流，福克斯河就是这样形成的

西部泰普提尼国家公园是一个充满神奇的地质遗迹和珍稀动植物的宝库。这里险峻巨大的冰川和永远洁白的雪地，不仅是一套教科书般典型且壮观的雪山冰蚀地貌体系，还充分展现了毛利人对高山与寒冷的崇拜，描绘了一幅幅高山探险者所追求的完美画卷。另一面的雨林与湿地里，多种珍稀动植物的繁衍生息，又给这个冷峻严肃的地方增添了蓬勃的生机。这里壮观多变、明艳多姿，多种地质景观在此汇聚，让世界各地的到访者为之赞叹。

啄羊鹦鹉因常凶猛地攻击羊群而得名，图中是两只啄羊鹦鹉在争夺食物

雪峰屹立在雨林的上方，像一列穿着洁白铠甲的战士，守卫着山下的森林、草原、湖泊、河流、湿地和海岸。这种色调上的强烈对比，为公园增添了油画般的质感

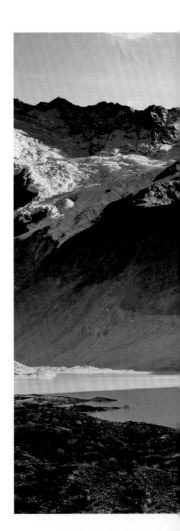

鸮鹦鹉（*Strigops habroptila*）是新西兰特有的珍稀物种。它和猫头鹰一样常在夜间活动，但并不会飞

福克斯河

36

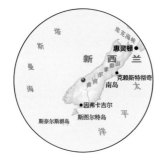

新西兰-南岛

Mount Aspiring
National Park
阿斯派灵山国家公园

天色渐晚，阿斯派灵山仍反射出迷人的光芒，即使你不是第一次看到它，也会因它的魅力而驻足

新西兰的国土总面积虽然不大，却拥有相当丰富的地貌地形类型，位于新西兰南岛的阿斯派灵山国家公园，就是一个将山地地貌展现得淋漓尽致的地方。这座公园建成于1964年，位于新西兰南阿尔卑斯山的南端，与著名的峡湾地区国家公园相邻。

阿斯派灵山国家公园的中心地区是一片由高山、冰川、河谷、湖泊和密林组成的梦幻荒野。新西兰南岛气温较低，在公园里，几乎目光所及之处皆可看到群峰聚集的冰雪奇观。公园内有多座海拔超过2000米的山峰，如海拔2542米的波勒克斯山（Mount Pollux）、海拔2519米的布鲁斯特山（Mount Brewster）等。在众多山峰中，最令人叹为观止的莫过于海拔达3033米、新西兰最著名的山峰之一——阿斯派灵山。当地毛利人将这座山称为"提提蒂阿"（Tititea），意为"闪闪发光的山峰"。每当夕阳西下，群山逐渐在暮色中失去色彩时，阿斯派灵山的顶峰却依然在余晖中闪耀着金色的光芒。

这座公园之所以拥有多样的山地地貌，是因为它跨越了南阿尔卑斯山的山脊。这座高耸入云、被

波勒克斯山，阿斯派灵山国家公园内海拔2000米以上的雪山之一

布鲁斯特山

山林之下，峡谷间湍急的溪流与石头碰撞的声音在寂静的荒野中回响。人们行进其间，能隐约感受到早期人类对大自然丰富宝藏的渴望，而自然似乎也在不断地赋予人们新的力量

冰雪覆盖的宽阔山脊是一道天然的屏障，使山的东西两侧呈现出不同的风貌。山脊西部雨量充沛，生长着茂密的山毛榉林，悦耳的鸟鸣声和哗哗的瀑布声不绝于耳。山脊东部则散布着许多冰川切割形成的峡谷，以及零星的小片河流冲积平原和清澈的湖泊；在林线以上，亚高山草甸中的地衣和精致的开花草本植物共同装点着山坡。这一切都被壮丽的群山环绕，展现出一幅童话般的美景。

新西兰矿产资源有限，这片如今呈现原始风貌的山地曾险些因人们对矿产资源的渴望而毁于一旦。2009年，当时新西兰的执政党国家党提出要在阿斯派灵山国家公园南部采矿，将公园内近20%的地区开辟为矿山，以开采大山中蕴藏的稀土矿和钨矿。采掘一旦开始，将严重破坏整个公园的优良天然环境。所幸，在巨大的经济诱惑面前，新西兰的民众更重视美丽和谐的自然环境。这个计划后来遭到了民众的强烈抵制，阿斯派灵山国家公园最终幸免于难。

高耸的南阿尔卑斯山像一道天然屏障，造就了公园东侧的冷峻雪山和西侧的温润密林共存的特色景观

37

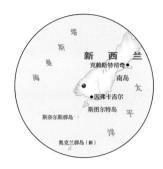

高耸壮观的雪山与平静温婉的湖面
形成强烈的对比，令人怦然心动

新西兰-南岛

Fiordland National Park
峡湾地区国家公园

峡湾地区国家公园位于新西兰南岛的西南角，
南阿尔卑斯山南段。1990年，它与另外三个位于南
阿尔卑斯山南部的国家公园——阿斯派灵山国家公
园、奥拉基/库克山国家公园和西部泰普提尼国家公
园共同被联合国教科文组织列为世界自然遗产保护
地，命名为蒂瓦希普纳姆（Te Waihipounamu）。这
四个国家公园组成的世界自然遗产保护地主要由人
迹罕至的森林、白雪覆盖的山峰、陡峭深切的冰川
峡谷和蜿蜒曲折的海岸峡湾组成。其中，占地面积
最大（约1.2万平方千米）的峡湾地区国家公园不仅
是新西兰面积最大的国家公园，在世界范围内也属
于较大的国家公园。

沿着高耸的南阿尔卑斯山，山脊东西两侧的峡
湾地区国家公园呈现出两种完全不同的风貌。

在山脊西侧，面向塔斯曼海，即可看见公园
内的峡湾。历史上，由于冰期结束，温度升高，冰
雪的融化致使海平面上升，海水逐渐淹没了那些深
深切入南阿尔卑斯山的"U"形冰川峡谷，形成许
多向高山方向延伸的海湾，即峡湾。这些峡湾记录
着过去冰川流动的路径，蜿蜒曲折地向山顶的方向
延伸。经粗略测量，人们发现这一带的15个峡湾

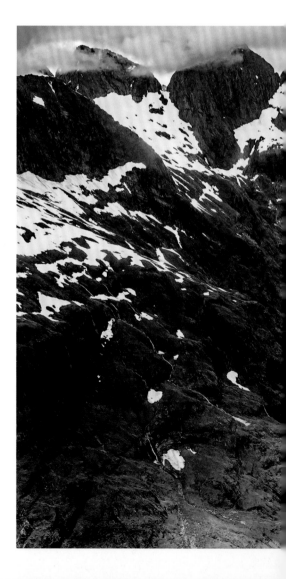

公园内能看到许多典型的冰川U形谷

峡湾是冰川与海洋共同创造的自然杰作。在冰期时，冰川对岩石的刨蚀作用形成了U形谷；冰川融化，海水灌入峡谷，形成峡湾，成就了如今山体雄伟、水流灵动、植被茂密的峡湾地区国家公园

中，向内陆山脊方向延伸最远的可达40千米。虽然这些峡湾我们难以踏足，只能在海上欣赏，但这样的视觉体验也足以震撼每个被城市喧嚣所困扰的到访者。

翻过南阿尔卑斯山，山脊东侧是峡湾地区国家公园最有代表性的地貌景观——冰蚀地貌。在冰期时，流动的冰川像锉刀一样削尖了周围的山峰，在山坡上刻蚀出许多陡峻深切的峡谷。随着冰川不断向下汇集，陡峭的山谷被拓宽，形成U形谷；同时，山沟、峡谷和洼地的积水又形成了一系列沿着山脉走向分布的冰蚀湖，如著名的蒂阿瑙湖（Lake Te Anau）和马纳普里湖（Lake Manapouri）。实际上，山脉东侧的冰蚀湖形态与西海岸分布的峡湾具有惊人的相似之处，因为它们形成的根本原因是一致的，只不过峡湾是被海水淹没的冰川谷，与海洋相通，冰蚀湖则是被融化的雪水淹没的冰川谷，它们只出现在陆地上。在峡湾地区国家公园内，这些地貌景观都或多或少地向人们诉说着地球上古老的冰期史。

山与水是峡湾地区国家公园内景观的基本构成元素。经过独特的地质演化，公园内的山水风景也显现出独特的韵味。这里从不缺雨水，常有西风将潮湿的空气从塔斯曼海吹到南阿尔卑斯山上，当水汽上升，越过寒冷的山脉时，气流冷却，从而为这里带来了频繁而丰沛的降雨。所以，这里不仅有气势磅礴的悬崖冰川和雄伟角峰，还有一泻千里的秀美瀑布。

公园内几乎所有的山涧里都能看到大小不一的瀑布，其中最值得一提的要数世界上落差最大的瀑布之一——萨瑟兰瀑布（Sutherland Falls）。伴随着雷鸣般的轰响，巨大的水流从高山岩壁上的一条裂缝中汹涌喷出，分成三段向下倾泻。整个瀑布高达580米，远眺秀美，近看恢宏。除了几个大落差瀑布，公园内若干个季节性瀑布也足以引人驻足。每

冰川融化后在低洼处聚集，在山脉东侧形成了一系列沿着山脉走向分布的冰蚀湖

到大雨滂沱之时，山崖陡壁处会有数以千计的瀑布飞泻而下，如同一道道变幻无穷的水帘屏障，异常壮观。

雾气笼罩着马纳普里湖，使人如临仙境

作为重要的世界自然遗产保护地，峡湾地区国家公园不仅有壮美的景观，也为无数生灵提供了生存的环境。这里保存并延续了具有冈瓦纳古陆原始生物特征的生态环境，孕育了大片原始植被，成为黄眉企鹅（*Eudyptes pachyrhynchus*，又叫峡湾企鹅）等极度濒危动物的栖息地。对人类而言，公园还提供了大量的清洁能源。这里有南岛最深的马纳普里湖和最大的蒂阿瑙湖（前者深约444米，后者面积为344平方千米），工程师们在这两个相邻的湖泊之间设计并修建了新西兰最大的地下水电站。如今，峡湾地区国家公园已经成为新西兰的重要水资源保护区。科幻电影《异形：契约》的摄制组不远万里来此拍摄，为全球亿万电影爱好者记录下异乎寻常的美景，相信以后也会有越来越多的人被峡湾地区国家公园的美景拨动心弦。

峡湾地区国家公园内的两只海狮在兴奋地交流，其他几只"与世无争"，放松地在岩石上享受日光浴

在峡湾的交汇处，往往会形成宽阔的水道，人们可以乘船驶入崇山峻岭，由这些水路抵达南阿尔卑斯山的深处，航行中经常能看到活泼的海豚、海豹

水流从山顶倾泻而下，在周边温带雨林的衬托下，萨瑟兰瀑布就像墨绿色深山中的一条白色飘带，难怪毛利人把这条瀑布称为"白丝带"

38

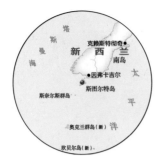

新西兰-斯图尔特岛

Stewart Island
斯图尔特岛

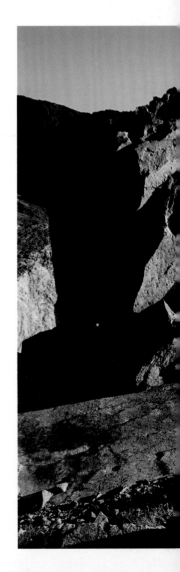

在新西兰版图的最南部，有一个面积很小的岛屿，在地图上很容易被人忽略。可是，在当地毛利人的心里，这个极不起眼的小岛却有着与南北二岛一样重要的地位，它就是斯图尔特岛。

"斯图尔特"的名字，来源于第一位正确绘出此海岛地图的威廉·斯图尔特船长。

在富有想象力的毛利人眼里，斯图尔特岛已不仅仅是一座小岛。毛利人最初把它叫作"Te Punga o Te Waka a Maui"，意思是"毛利独木舟的石锚"。在丰富多彩的毛利神话中，毛利人将新西兰南北二岛与斯图尔特岛在南太平洋上的分布态势描绘成了一幅渔人在海上捕鱼劳作的生动画面：南岛是载着渔夫的一条独木舟，北岛是渔夫钓到的一条大鱼，而斯图尔特岛则是固定独木舟的船锚。他们用石锚来比喻这个小岛，可见斯图尔特岛就好比毛利人心灵旅途中的"定海神针"。

相对于南北二岛，斯图尔特岛的面积小得多，只有1746平方千米。在新西兰这三个主要岛屿中，位置偏远的斯图尔特岛保持着最为原始粗犷的天然状态——岛上人口最少，建筑最少，农田最少，森林砍伐和烧毁最少。

黄眼企鹅（*Megadyptes antipodes*）
是仅分布在新西兰的濒危物种

其实早在1770年，著名的库克船
长就作为首先发现斯图尔特岛的欧
洲探险家来到了这里，但他犯了个
错误，以为这里只是南岛的一个岬
角，还将这里称为"南岬"

岛上的拉奇乌拉国家公园（Rakiura National Park）

与南北二岛相比，相对偏远的斯
图尔特岛保持着原始的荒野状态

黑背鸥（*Larus dominicanus*）对温
度的适应程度较高，在斯图尔特岛
比较常见

岛上覆盖着原始森林，有清澈的海湾。在海岸地区，人们常可遇见跳跃的白尾鹿，靠近内陆的地区也有马鹿等动物出现。因为与天敌隔绝，斯图尔特岛上有许多罕见的鸟类，如鸮鹦鹉、几维鸟等。从专业角度看，斯图尔特岛上的几维鸟与南、北岛上的几维鸟不同，属当地独有的一种。

这种极为难得的原始状态，为研究南太平洋岛屿的形成和生态演化过程提供了最理想的基础，新西兰的科学家们也正在努力保护这个"无有害生物"的岛屿，使它成为某些重要物种和特有物种的永久栖息地。如今，斯图尔特岛已有超过80%的面积被划入新西兰最新设立的拉奇乌拉国家公园。

在维护生态环境这件事上，最遗憾的莫过于，无节制地掠夺自然资源后，人们才察觉到自然之可贵，并采取措施以弥补过去所犯下的错误。很难想象，如今这个五彩斑斓的原始小岛曾是名噪一时的捕鲸基地，就连一手绘出斯图尔特岛地理轮廓的斯图尔特船长，其实也是以捕猎鲸和海豹为生。

20世纪20年代，斯图尔特岛迎来了最后一批大规模移民——挪威捕鲸人。他们中的很多人选择在这里永久定居，从而使这个小岛具有了多样的民族风情。如今，这些捕鲸人曾经建立的商店和邮局早已荒废，住在这里的居民也很少，位于半月湾（Halfmoon Bay）的奥本（Oban）是岛上唯一的市镇。整个岛屿的社会功能已经转变，捕鲸不再是经济来源，科学保护环境与严格保育成了近几十年的

几维鸟是新西兰特有的珍禽，它的名字来源于其类似"几——维——"的叫声。斯图尔特岛上生活的是棕色几维鸟（*Apteryx australis*）

主要目标。现在，掠夺已不复存在，只有挪威捕鲸人建造的北欧高山建筑风格的房屋在岛上留下星星点点的历史痕迹。

斯图尔特岛被人们称为"避世海岛"，这个自然绝对主宰下的纯净世界，几千年来大部分时间都保持着优良的天然状态。漫步于环境宜人的灌木林步行道，人们可以聆听多种小鸟的密语。乘坐观光船游览这片新西兰风景最佳的海岸，可看到鲸、海豚逐浪游弋。这里的海水未受污染，清澈明净，是潜水的理想场所。入夜后，在没有光污染的环境里，本就美丽的星空显得更加浩瀚动人，这里也在国际黑暗天空保护区的范围内。

毛利人是一个富有诗意的民族，常把斯图尔特岛叫作拉奇乌拉（Rakiura），意为"发光的天空之地"，当人们看到南极光与银河在同一苍穹相遇的奇景时，便会理解这个极高的评价。毕竟，这里呈现的就是大自然的原始光芒与魅力。

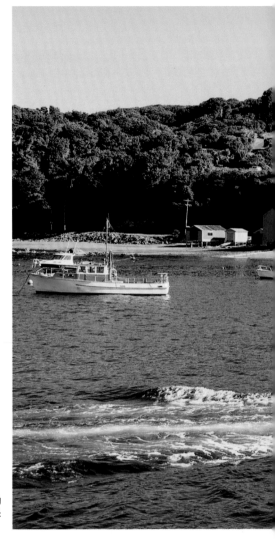

半月湾上的奥本小镇是岛上唯一的居民区，控制全岛的住户数量，是当地保护生态的重要措施

斯图尔特岛的海岸

密林中人工修建的小路，引领人们
探索森林的奥妙

39

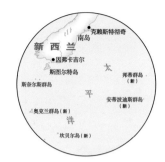

新西兰-亚南极群岛

New Zealand
Sub-Antarctic Islands
新西兰亚南极群岛

黄眉企鹅喜欢聚在一起养育子女。图
为斯奈尔斯群岛上成群的黄眉企鹅

　　亚南极群岛位于新西兰南岛东南方向的南太平洋大陆架上，它包括五组群岛，即坎贝尔岛（Campbell Island）、奥克兰群岛（Auckland Islands）、斯奈尔斯群岛（Snares Islands）、邦蒂群岛（Bounty Islands）和安蒂波迪斯群岛（Antipodes Islands）。其中，有几个岛屿几乎从未被人类踏足或遭到外来物种的大规模入侵。

　　1998年，美丽的新西兰亚南极群岛被联合国教科文组织批准纳入《世界自然遗产名录》。亚南极群岛之所以能够入选，得益于它偏远的地理位置，这使得这片海岛地区人烟稀少，一直保持着原始的生态状态。

　　亚南极群岛地区能拥有无与伦比的原生态环境，成为全球植物多样性的重要典范之一，除了少有人迹之外，还有一个重要原因是此处潮湿温润的气候。亚南极群岛位于南极大陆和亚热带地区之间，夏季温度一般为5.5~12℃，气温不高且季节性温差小；多数岛屿的上空还常有云层覆盖，年降水量相当高。据统计，这里共生长着约250种维管植物，包括35种该区域特有种，其中最令人瞩目的要

由于亚南极群岛与斯图尔特岛相距
不远，分布在斯图尔特岛上的企鹅
也经常出现在坎贝尔岛上

坎贝尔岛上遥望大海的企鹅

坎贝尔岛的美粗犷原始，其岛上的
自然风光几乎可以成为新西兰的一
张"生态名片"

某些属于亚南极群岛的小岛几乎从
未有人踏足，这样难得的生态环
境，对于人类探索和研究地球生物
多样性演变的历史和特点具有格外
重要的价值和意义

数几类当地特有的巨型草本植物，"挑剔"的它们不仅只在这里生长，而且对亚南极群岛地区独特的气候极为适应，在当地植物群落中具有极大优势，生长状态极佳。

在斯奈尔斯群岛的广袤森林里，可生长至5米高的紫菀属植物在这里占据着绝对优势。其南边的奥克兰群岛，则拥有新西兰版图内最南端的森林。这里也是极度珍贵的蕨类植物桫椤（*Alsophila spinulosa*）在新西兰地理分布的最南端，这种古老的树种曾与"地球霸主"恐龙生活在同一时代，堪称植物中的"活化石"。这些植物的分布情况可为人们了解植物的地理分布提供宝贵的研究资料。

除了是植物的天堂，亚南极群岛也是126种鸟类的聚居地。据统计，亚南极群岛最多可出现包含8种海鸟的大聚集群落，包括4种信天翁、3种鸬鹚、1种企鹅和15种本地鸟类。

这里的鸟类作为亚南极群岛最重要的"居民"，除了数量庞大，无论是海生还是陆生，都具有较强的区域特色。在全球22种信天翁中，有10种在这里繁殖，其中有4种是特有种。此外，还有不少陆生鸟类也是当地特有种，如褐水鸭（*Anas aucklandica*）、坎贝尔岛水鸭（*Anas aucklandica nesiotis*）。

除了鸟类，这片海域也受到了许多哺乳动物

大大小小的动物在这里享受着自由生活（左图和右图）

的青睐。据研究，全球范围内95%以上的新西兰海狮在这里繁殖，有些岛屿已经成为世界上最稀有的海狮繁殖地。亚南极群岛位于大型哺乳动物鲸的洄游路径上，显示出当地环境对海洋哺乳动物的特殊价值。

对于亚南极群岛而言，"世界自然遗产"不仅仅是个标签，还意味着这里的环境保护工作会受到严格的监督。

从历史上看，亚南极群岛及其周边的海域也曾是欧洲捕鲸者经常涉足的猎场。1804年，一伙捕杀海豹的美国人仅在一年内就捕杀了此处的6万只海豹，他们带回家的"战利品"激发了更多人捕杀海豹的贪婪欲望。到1830年，生活在亚南极群岛周边的海豹基本上被捕光了。

被确立为保护地后，曾经由人类带来的家畜、老鼠等非岛上原生生物，都已经逐渐被当地政府迁走或消灭。

如今，所有针对亚南极群岛的旅游活动都被当地政府严格管控，游客必须保证不会对区域内的生态系统造成任何损坏，并乘坐特制的环保交通工具，才有机会一窥这里的天然风貌。这里的岛屿也不能轻易登陆，因为海陆的交界处是许多特有物种赖以生存的脆弱地带，一旦被破坏，就有可能造成生物链的断裂或物种的灭绝。

放眼望去，这里完全是一个鸟类的世界，成百上千只信天翁在岛上筑巢、繁衍

目前，亚南极群岛的各岛基本上恢复了原有的平静，众多野生生物
给这里带来了蓬勃的生机，岸边常有成群的海狮聚在一起休息

在伊苏马火山上，能亲眼目睹火山喷发的过程。

Oceania Islands
大洋洲岛群

大洋洲是一个横跨中、南太平洋，由上万个岛屿共同组成的区域，大部分岛屿都位于太平洋中。在这片广阔的水域中，许多岛屿及岛群已成为独立的国家。依据自然地理因素与人文因素，这些岛屿被视为分布于太平洋的三大区域内，即美拉尼西亚、密克罗尼西亚和波利尼西亚。从地貌特点来看，这些大洋洲岛群又可分为三个类别，即大陆岛（continental island）、火山岛（volcanic island）和珊瑚岛（coral island）。

大陆岛是指因地壳板块运动和海平面的变化，大陆的一部分与原大陆分离而形成的岛屿，新西兰和新几内亚岛皆属于大陆岛。

火山岛也叫高岛，这些岛屿是在火山爆发后，炽热的岩浆被海水冷凝而形成的陆地，一般山脊和山谷会明显地从山顶向外延伸到海岸线。美拉尼西亚地区是火山岛的聚集地，它位于澳大利亚北部的太平洋地区，东与印度尼西亚相接，坐落于环太平洋火山带上，群岛上地震频繁，火山遍地，如斐济的最高点托马尼维峰（Tomanivi）和瓦努阿图的伊苏尔火山（Mount Yasur）都是远近闻名的火山。

珊瑚岛也被称为低岛，是指由珊瑚或海洋动物的骨骼构成的岛屿。珊瑚礁在火山岛周围呈环状分布时，就形成了环礁；火山岛的岩石被侵蚀后，海水入侵环礁，其中间的凹陷位置就变成了潟湖。密克罗尼西亚和波利尼西亚的岛屿就以这样的低岛为主。密克罗尼西亚区域位于所罗门群岛和巴布亚新几内亚以北，其名字意为"微型小岛群"，全区域岛屿达2000余个，大部分是由珊瑚礁组成的面积很小的低岛，有些甚至还会在涨潮中被淹没。在马绍尔群岛上的最大岛屿夸贾林环礁（Kwajalein Atol）处，就有由97个岛屿环绕着的大潟湖，潟湖面积达2173平方千米。

位于中太平洋的波利尼西亚是太平洋最大的岛群区，这里除了珊瑚低岛，还有火山岛，由火山爆发形成、包含众多珊瑚礁岛的夏威夷群岛也在这片区域内。海洋、火山、珊瑚礁、白沙滩是波利尼西亚的重要景观，因此这里也成为很多游客的度假胜地。

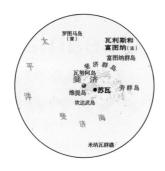

40

莫努里基岛是电影《荒岛余生》中
"无人岛"的取景地

斐济

Mamanuca Islands
马马努萨群岛

太平洋上约有25 000个岛屿,其中,位于新西兰北部、由332个岛组成的斐济群岛是著名的旅游胜地,辽阔的碧海蓝天、雪白的沙滩、被海风吹拂的椰子树几乎成了斐济群岛的代名词。在斐济的主岛维提岛(Viti Levu)西面,有一个名为"马马努萨"的火山群岛,这里的景色美得令人心醉。

马马努萨群岛共包含26个小岛,其中有7个岛屿在涨潮时会被太平洋的海水淹没。虽然马马努萨群岛及邻近的火山群岛只是环太平洋火山带的一小部分,但它们却是大洋洲的火山地貌和珊瑚礁岛的典型代表。太平洋诸岛屿的形成源于地壳运动,熔岩在火山爆发中沿着地壳板块的断裂线流出,因此火山多分布在断裂线上,就形成了条带状的火山岛链,即今天我们所见的火山群岛。

珊瑚礁岛则是热带水域的火山下沉后,原在海面以下的珊瑚礁在海底的死火山上继续发展,最终露出海面,形成岛屿。马马努萨群岛的珊瑚礁极为美丽,它们微微露出海面,如珍珠般镶嵌在茫茫大海上,卷浪岛(Beachcomber Island)、苗圃岛(Plantation Island)、宝藏岛(Treasure Island)等是斐济群岛中最具代表性的珊瑚礁岛。清澈的海水

近几十年来，随着人口及商业活动的增加，多处太平洋岛群出现了珊瑚礁被污染和海洋鱼类数目减少的情况。好在斐济当地及时实施了有效的海洋环境保护及管理措施，使得马马努萨群岛的大量珍贵的珊瑚礁未被破坏

马马努萨群岛广泛分布的珊瑚礁是各种海洋生物的天堂，也是潜水活动的胜地

椰子树是马马努萨群岛上的主要树
种，商业价值高，用途广泛

和被棕榈树环绕的沙滩，给这里的珊瑚礁增添了亮色。2000年，电影《荒岛余生》在此处的莫努里基岛（Monuriki Island）上拍摄，电影中的"无人岛"让这个人迹罕至的海岛进入了全球影迷的视野，吸引了更多游客前来，亲身感受莫努里基岛的魅力。

马马努萨群岛是数千种植物的家园，少有人迹的环境、热带海洋及雨林条件，利于藤本植物在雨林里的乔木上肆意生长。海滩上覆盖面积最广的植被是各种松树和用途极广的椰子树。此外，对于马马努萨群岛来说，当地红树林的生态情况对保护海岸线也非常重要，红树林可以减缓风浪对海岸的破坏，保护了马马努萨群岛美丽的珊瑚礁和海洋生物。

犹如海上宝玉的宝藏岛

卷浪岛上的度假村所在地是一片风景如画的海洋保护区，度假村在机场提供舒适快捷的游艇接送服务，刚抵达的旅行者可以迅速拥抱岛上的清澈海水及雪白沙滩

有一种原产于塔希提岛的栀子花，在太平洋岛屿中很常见，被当地人称为"Tiare"。它美丽芳香，常被用于装饰或提炼精油

世界上第一个岛屿海滩俱乐部——马拉马拉海滩俱乐部（Malamala Beach Club）就坐落在距离丹娜努港（Port Denarau）约25分钟航程的珊瑚岛上。这里白沙环岛，海水清澈，还有海滨小屋，是马马努萨群岛上著名的度假胜地

41

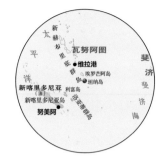

瓦努阿图

Mount Yasur
伊苏尔火山

　　通常意义上，正在喷发或过去1万年中曾喷发过的火山都被称为"活火山"。在人们的印象中，活火山的喷发是个极其危险的过程，很多电影都将其与世界末日联系起来，见者避之犹恐不及。在美拉尼西亚群岛区域却有一座喷发频率极高的火山，无数人不远万里而来，只为近距离感受喷发现场的震撼。

　　瓦努阿图位于南太平洋西部的新赫布里底群岛，这个呈"Y"形的群岛共包含83个岛屿。众多岛屿中最受游客欢迎的是坦纳岛（Tanna Island），因为著名的伊苏尔火山就坐落于此。伊苏尔火山是一个没有植被的火山碎屑锥，主要由固体火山灰及碎屑组成，与美国的冒纳罗亚火山（Mauna Loa）等由岩浆喷发形成的盾状火山很不一样。它"身材"不大，圆形的火山口直径400米，海拔也只有361米，但在喷发时似乎有无穷无尽的能量。该火山地处环太平洋火山地震带，近万年来几乎一直在爆发。如今它的喷发频率有时可达到每小时数次，是名副其实的"世界上最活跃的活火山"之一。

　　伊苏尔火山虽然活跃，但对游客来说相对安全。伊苏尔火山的碎屑大多以直起直落的方式喷

近观伊苏尔火山，400米直径的火山口不算很大，常年烟雾蒸腾

世界上有很多火山是著名的旅游目的地，但与更多的休眠火山和死火山不同，伊苏尔火山几乎每天都在以不同的频率喷发。不过，只要人们沿着当地指定的路线行走，遵循警报指令，就不会遇到危险

观赏伊苏尔火山喷发的最佳时刻是早晨和晚上，此时火光漫天，加上隆隆的喷炸声和岩石迸裂的巨响，非常震撼，也令人心惊胆战

被称为"世界上最容易亲近的火山"之一的伊苏尔火山，让我们近距离、安全地感受到自然的巨大威力及人类的渺小

射，很少斜向喷射，一般不会伤及游客，因此这里也被称为"世界上最容易亲近的火山"之一。在不同时间，可以欣赏到火山喷发的不同景象。很多人会选择黎明或黄昏时分，因为在昏暗的光线中，明亮的火光能给观者带来更强的视觉冲击力。

为了确保居民及游客安全，当地政府对火山地震灾害及观赏活动有严格的监管，还制定了明确的火山爆发警戒级别，有相应的行动措施。这些级别从0到5，依次为正常、火山活动迹象、重大活动迹象、轻微喷发、中度喷发、剧烈喷发。通常警戒级别在1级或以下时，参观都是安全的；只要达到2级或以上，所有旅游活动就要立刻停止，游客会被安排撤离，火山一带也要被封锁并设立禁区；5级警戒时，当地的气象地质灾害部门会立刻要求所有人撤离，并采取封岛、封海措施，以确保居民和游客的人身安全。

当地原住民是一个大型的美拉尼西亚民族群体，因受到英、法殖民的影响，英语、法语是当地重要的语言，但社区和政府一直努力通过音乐、舞蹈、服装等来传承本土文化

伊苏尔火山主要由火山灰和碎屑组成，当雨水冲走火山口松散的火山灰及碎屑后，会留下冲沟。火山灰及碎屑层的层数及厚度，可显示火山喷发的次数和强度

被炽热的岩浆灼烧过的大地

在伊苏尔火山一带，可以发现不同
大小的、龟裂的泥浆喷口

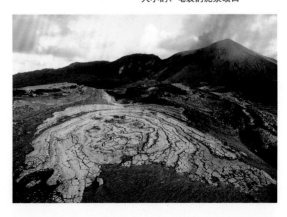

42

萨摩亚

Alofaaga Blowholes
阿洛法加海水喷口

太平洋群岛中的萨摩亚群岛（Samoa Islands）由太平洋板块西南边缘附近的火山岛、珊瑚环礁和水下礁石带组成。群岛东西两侧的岛屿上大都有活火山分布，其中火山活动极为频繁的是位于东端的、由环礁组成的萨瓦伊岛（Savai'i）。由于火山爆发频繁，萨瓦伊岛的火山地貌也很独特，岛上有一处著名景观，即位于塔加村（Taga Village）的阿洛法加海水喷口。

阿洛法加有多个海水喷口，喷发频率很高，每隔几秒就会喷涌一次，喷射高度可达数十米。每天涨潮时，海浪汹涌，海水喷射的力度也会随之加强。海水喷涌而出时，就是观者被自然力量所震撼的时刻。

海水之所以能从地下喷涌而出，熔岩管道发挥了关键作用。火山爆发时，温度高达1200℃的岩浆从火山口向四周涌出，一部分会流向平地或凹地，形成熔岩平台或熔岩池，大部分则流向大海。熔岩的外部接触空气后冷却，形成坚硬的外壳，但内部仍保持炽热并继续流动。岩浆流尽后，原来流动的路径就变成空心管道，被称为熔岩管道。熔岩管道的出口面向大海，受到巨浪冲击时，强大的压力迫

鸟瞰阿洛法加海水喷口，黑色岩岸是由熔岩形成的，里面藏有多条空心的熔岩管道

阿洛法加海水喷口十分壮观，是世界最著名的海水喷口之一，每年到这里的游客络绎不绝

使海水沿管道向上猛冲，并从管道口爆炸般喷出，形成令人震撼的海水喷口。

此外，当高温岩浆与相对低温的空气和海水接触后，立刻冷却成岩岸，由于这种急速冷却收缩，岩岸内部形成了大小不一的裂缝。近海的岩岸内部裂缝因被海浪日夜拍打而逐渐扩大，并不断向内陆延伸，形成管道，部分裂缝甚至扩大到给管道开了"天窗"，将悬崖上的陆地与悬崖下方连接起来。当巨浪冲击悬崖下方时，海浪就沿着管道直上，从悬崖上的管道口喷薄而出。

生存在被火山包围的环境下，萨摩亚群岛的原住民对大自然的各种气候、地质现象始终怀有敬畏之心，在日常生活中，他们也极为顺应自然的规律和变化，很多人（尤其是早期的原住民）都会向神灵寻求心灵上的慰藉。在阿洛法加海水喷口不远处，有一个叫帕索波亚的洞穴（Pa Sopo'ia Cave），这是一条古老的通道，原住民相信他们祖先的灵魂能够通过这里到达极乐世界。有游客来当地参观时，原住民导游也会详细讲解他们自己的历史、宗教及文化。对于想了解更多大洋洲历史文化的人来说，这是一个颇为值得到访的地方。

震撼的喷射过后，岩岸迎来短暂的平静，浪花为灰黑色的玄武岩穿上一件白衣裳，岩石则时刻准备着迎接下一次巨浪的挑战

关于本书图片：第25页（下）的图片由摄影师吴振扬提供。第92页（上）、第95页（上）、第164页（上）、第192页的图片
来自图虫·创意。第207页（下）的图片来自达志图库。其余图片均来自视觉中国。

特约图片编辑：陈钰曦